你憑什麼？

你憑什麼拿那麼高的薪水

永續圖書線上購物網　讀品文化事業有限公司

WWW.foreverbooks.com.tw　yungjiuh@ms45.hinet.net

思想系列 58

你憑什麼拿那麼高的薪水？

編　　著　陳湘怡
出 版 者　讀品文化事業有限公司
執行編輯　林美娟
美術編輯　姚恩涵

總 經 銷　永續圖書有限公司
TEL／(02)86473663
FAX／(02)86473660
劃撥帳號　18669219
地　　址　22103　新北市汐止區大同路三段 194 號 9 樓之 1
TEL／(02)86473663
FAX／(02)86473660
出 版 日　2015年06月

法律顧問　方圓法律事務所　涂成樞律師
CVS代理　美璟文化有限公司
TEL／(02)27239968
FAX／(02)27239668

國家圖書館出版品預行編目資料

你憑什麼拿那麼高的薪水？ / 陳湘怡編著.
-- 初版.-- 新北市 : 讀品文化，民104.06
面 ;　公分. -- (思想系列 ; 58)
ISBN 978-986-5808-98-3 (平裝)
1.職場成功法 2.生活指導
494.35　104006052

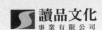

前言

一個人工作的能力決定了他能做什麼，能夠勝任何種工作，能夠給企業帶來什麼樣的價值。舉個例子，在電影行業，導演、編劇、演員、攝影、剪輯、化妝、佈景等職位對專業能力的要求不同，所以需要不同工作能力的人來擔任，只要你有一技之長，總會找到自己適合的位置。人們很難指望一個普通演員擔任導演，也不會認同讓化妝師擔任編劇。然而當一個人能力很全面的時候，他的機會越大，責任也越大。

你有能力，是你選老闆，那老闆的工資就要夠水準；如果沒有能力，那就是老闆選你，工資當然就要讓步了。

全心全意地投入工作，自身的能力就會提高很快，而職場競爭中，人的能力占相當重要的比例。對於那些有勇氣、有幹勁、有才能和訓練有素的人，他們所得到的報酬是成功的滋味，受人景仰和個人的欣慰與滿足。透過自身的努力，不斷增長實力和才幹，在工作中成為公司鍵盤上的 Ctrl 鍵，你成為解決難題和致勝條件的關鍵人物，那些等著要運作發揮功能的工作都離不開你，當然加薪也非你莫屬了。

如果你不具備工作的能力，那麼你注定不能做出什麼成績來，這是一個永恆不變的真理。相反，如果你的能力越強，你可能在工作中取得的成績越大，升遷的機率也越高。會工作的人，都是憑能力工作的。

能力比金錢重要萬倍，因為它不會遺失也不會被偷。如果你有機會去研究那些成功人士，就會發現他們並非始終高居事業的巔峰。在他們的一生中，曾多次攀上頂峰又墜落谷底，雖起伏跌宕，但是有一種東西永遠伴隨著他們，那就是能力。能力能幫助他們重返巔峰，俯瞰人生。

所以，切記：能力才是職場競爭的核心，能力才是競爭升遷的核心，能力才是領取高薪的關鍵條件！

第一章 勝任能力—創造你的職場價值

第二章

應變能力—關鍵時刻化險為夷

第三章

領導能力——讓別人永遠追隨你

第四章

溝通能力——善於傾聽與對話

第五章 創新能力—思考創造未來奇蹟

第六章 經營能力—管理有方預測市場

Chapter I

創造你的職場價值——

勝任能力

工作的勝任力是能力的表現形式，
如執行能力、解決難題能力、個性、結果導向等，
統稱為鑑別性勝任力特徵，是區分表現優異者
與表現平平者的關鍵因素，決定著人們的行為與表現。

擁有強大的工作能力是在當今激烈競爭的職場上
一個不可或缺的法寶。

1.職場升遷，工作能力優先

人們都羨慕那些傑出人士所具有的執行能力、合作能力以及卓越的創造力，但是他們也並非一開始就擁有這種天賦，而是在長期工作中累積和學習到的。在工作中他們學會了瞭解自我，發現自我，使自己的潛力得到充分的發揮。

你很難相信一個人每週只來辦公室一天，然而卻是所在企業裡最卓越的員工。詹姆斯的經歷足以驗證這點：

詹姆斯是《華盛頓郵報》的資深專欄作家，他十年如一日地工作著，為這家發行量很大的報紙每週撰寫稿件。身為專欄作家，他並不需要每天來到辦公室工作，相反他只要按時完成任務即可。於是，他可以有大量的時間用來休息和娛樂，甚至到處旅遊。事實上他也喜歡到處走動，不過，他是為了工作而去觀察社會焦點和調查，並隨身帶著筆記本記下它們和他自己的想法。

「我的工作是及時發現可以做專欄的素材，並把它們組合成文，這個工作遠不是在家喝喝茶然後空想一通那麼簡單。」詹姆斯這樣對別人解釋他的工作。當別的專欄作家正坐在家裡冥思苦想的時候，他可能正在休斯頓、洛杉磯、西雅圖，甚至是美國以外的法國、日本、中國等地搜集素材和考察。

詹姆斯的專欄也因此受到讀者的歡迎，以至於一些訂閱《華盛頓郵報》的讀者是專門為了閱讀詹姆斯的文章，而其他作家的專欄則因為反應一般而被陸續取消了。幾年後，詹姆斯成為了《華盛頓郵報》的一位主編。

你看到了，詹姆斯具有極強的專業技能，讓他更加游刃有餘地進行工作，同時他的生活豐富多彩。詹姆斯是一個會工作的人。每一天，在世界的每個角落，都能找到像詹姆斯這樣的工作者，憑借一技之長在工作中發揮重要的作用。

那麼，你呢？

張藝謀，他從攝影師的工作做起，不斷提升自己的業務水準，逐漸獲得投資者的賞識，終於得到了成為導演的機會，《紅高粱》讓他的名字一炮而紅。之後，張藝謀並不滿足於取得的成就，堅持不懈地提高自己的導演能力，拍出了一部部偉大的作品，包括《十面埋伏》、《黃金甲》，等等。直到今天，他是舉世矚目的導演。同樣的道理，編劇可以透過自己努力成為劇作家，演員可以透過自己努力成為明星，總之你想成為哪種人，取決於你的能力到達的水平。在大多數情況下，工作能力的強弱決定了職位的差距，老闆的能力比中層管理者高，而中層管理者的能力要比普通員工高。

我遇到不少這樣的人，他們充滿幻想，卻缺乏工作能力。這些人的處境很危險，因為他們隨時可能面臨失業的困境。大部分人卻沒意識到問題的嚴重性，依然在「當一天和尚撞一天鐘」地混日子。

仔細思考，你的工作能力可以百分之百達到所從事工作的要求嗎？在企業中，老闆開除員工的最普遍理由——是不能勝任目前的工作。現在的老闆很現實，不管你來自何處，經驗何許，只要你不能勝任工作，結果只有一個——走人。這絕不是在嚇唬你！

我曾經把朋友的女兒推薦到另一個朋友的公司裡去上班，朋友的女兒是國立大學畢業，英語能力十分優秀，我想她完全可以勝任一個不很複雜的工作。結果出乎所有人意料，一個月時間剛滿，她就被通知到會計那裡領一個月的薪水，然後收拾東西回家。我向那個公司的老闆詢問為什麼開除她，老闆直言不諱地告訴我：「能力太差！」這件事讓我思考了許久，我越來越意識到能力對於每個工作者有多麼重大的意義。

在石器時代，你只要能夠打獵就可以生存；農牧業時代，你只要有塊地，能夠按時播種、收割就可以生活；手工業時代，你只要不生病，能夠按部就班地在工廠裡轉螺絲就可以領薪水……

可能是每個人都習慣於過去的工作方式，導致了相當多的職業人不重視自己的能力培養，但是你必須清醒地意識到——今天已經和過去不一樣了。

職場力

資訊時代，企業裡的工作模式發生了巨大變化，你依靠什麼生存？

時代在變，你不可能像手工業時代那樣如同機械般重複地勞動，而必須要具備你自己的工作能力——帶來價值，創造新技術、新產品的能力。職業人對工作能力的要求也早已不像過去，已經變成自我生存和發展的必需。換句話說，只有具備一定的工作能力，你才不用擔心坐上「冷板凳」，你才具備「可僱傭性」。

你必須意識到：有能力，才有工作，是現代人生存的基本。有能力，才有機遇，是個人發展的必需！

2. 執行能力，行動創造價值

任何一個出色的計劃，一旦沒有行動，計劃就變成了「廢話」。

執行能力是指在一定條件下人們採取行動解決組織關鍵問題的能力，是評估組織運用人力資源實現組織目標能力的一種方式。執行力，顧名思義就是「做」的能力。它考察作為一項任務的執行者，你是否能夠堅定不移地執行命令、完成任務。簡而言之，就是對上級決策的理解和完成能力。

執行能力的前提，是學會服從。理解的要執行，不理解的也要執行，在執行中去理解。執行能力講究把事情做到位，所以執行能力的鍛鍊不是以完全了解領導者的意圖為基礎的，明白了做不到，和不明白的有什麼不同，往往還會更糟糕。

執行能力成長的基礎，就是要做到理性地認識自己。能夠用腦子去想問題，而不是用心去想問題，才會有真正的執行能力。因為在執行的時候，感性思維是不可能得到信任的。

每個人都需要正確地定位自己現有的執行能力。對自己的執行能力有正確的認知，這個才是一個人成熟的開始。對自己的執行能力的自我評價過高，原因往往是依賴於自己的歷史經驗來看問題，不懂得刻舟求劍的道理，忽略了現在階段的環境和資源方面的變化。

對自己的執行能力的自我評價過低，原因往往是做事情缺乏勇氣和決心，以及克服艱難險阻的毅力，包括忽略了團隊工作對個人成長的重要意義。

對自己的執行能力的自我評價忽高忽低，這種情況也是會發生的，原因也很簡單，小功則自喜，小過則自憐，那就只能是心態還不成熟的表現，還需要依賴於外界的回饋讓自己建立自信。

領導者根據問題提出方案並作出決策，但解決方案並沒有得到有效執行，或是執行效率非常差，說明了執行者的執行能力有問題。

執行失敗的因素主要有以下三種：一是時機，你沒有找到執行方案的最佳時機。二是出現偏離，你在執行過程中出現了嚴重偏離。三是過分投資，你的確是在執行一個好的方案，但卻投入了過多的資源、時間與精力，導致效率低下。

員工執行力低下會導致企業的問題層出不窮，從長遠來看，會讓企業營運效果下降，因為缺乏執行戰略的能力，會失去很多商業機會。此外，不能高效運用資源，客戶滿意度低。

每一個公司都有一套成功的戰略，但為什麼有的公司能基業常青，而多數公司都各領風騷兩三年呢?關鍵是執行力的差距，卓越的執行力會使企業快速發展壯大，並且保持住市場。任何企業的成功都依靠其成員執行與解決關鍵問題的能力。

在關鍵時刻，一個員工的價值往往表現在執行上。如果領導者的決策並沒有得到徹底地執行，那麼怎麼可能達到預期的效果?對於一名優秀員工來說，執行能力就是堅決、自信地去執行任務，沒有任何藉口，只有結果，盡力讓結果臻於完美。

執行能力的作用是什麼？一個優秀的執行型人才到底能做些什麼？到底能給自己帶來什麼？是不是就是一種思想，聽起來挺好，但很快就會忘掉，然後就一文不值？一個執行型的人才可以做什麼？如果他真是一個執行的人，他不會有那麼多問題，她會像惠普總裁菲奧莉娜一樣，有一種「先開槍，後瞄準」的魄力！

執行是一種做事的方式，是一種思維的方式，是一種與人相處的方式。用執行的思維去起床，你不會當鬧鐘響起仍不穿衣服；用執行的思維去吃飯，你不會為了飯菜或者飯店而不去讓自己吃飽；用執行的思維去打掃廁所，你不會推脫，不會偷懶；用執行的思維和女朋友在一起時，你不會放棄對她的承諾，不會讓她在樓下等你超過十分鐘；用執行的思維去蓋房子，你不會抽著菸慢吞吞地壘磚砌瓦，不會偷工減料；用執行的思維去工作，你不會每天像別人一樣做一天和尚撞一天鐘。

Cisco 是全世界做網絡設備最大的公司，Cisco 全球副總裁竟然不認為 Cisco 的成功在於技術，而在於執行力。由此可見，「執行力」在世界級大公司被看得有多重要。只有執行力才能使企業創造出實質的價值，失去執行力，就失去了企業長久生存和成功的必要條件。

有人說過，如果不能執行的話，領導者的所有其他工作都會變成一紙空文或一句空談。企業之間過招，勝負關鍵就是執行力，執行力缺乏，再好的戰略也是空談。

《心靈雞湯》的作者、演講大師傑克·坎菲爾德曾經透過一個現場演示，很好地詮釋了執行力的重要作用。

他拿出一張面額一百的美鈔。然後對他的聽眾說：「這裡有一百元，誰想得到它？」

屋子裡所有的人都舉起了手，但並沒有人採取行動。傑克·坎菲爾德又問了一句：「有誰真的想得到這一百元？」

過了一兩分鐘，有人從座位上站了起來，走上前，等著傑克·坎菲爾德把這一百元遞到他手上。可是傑克·坎菲爾德沒有動。最後終於有一個人走了過來，從他手裡拿走了一百元。傑克．坎菲爾德對聽眾說：「這個人剛才的所作所為和其他人有什麼不同嗎?唯一的區別在於，他離開了座位，採取了行動。」

即使天上掉鈔票下來了，也需要你彎下腰去撿，不是嗎?只有行動了，才有可能得到。而良好的執行能力會讓你比別人獲得更多的優勢，更容易成功。

一天，安德魯接到客戶的傳真，說對他簽訂的合約上一項條款有異議。根據他們的理解，所需付的費用比安德魯所要求的整整相差了十萬元美金。不能說客戶沒有道理，因為當初所訂的合約中有一處條款用詞不夠嚴謹，導致了客戶理解上的偏差。

安德魯打了好幾個電話向客戶作解釋，但收效甚微。在這種情況下，安德魯可以有兩種方式解決：一種是打報告給上司，解釋自己已經盡力，而且工作也確實存在瑕疵，建議是否放棄這有爭議的十萬元美金；另一種是和客戶當面洽談，無論如何再爭取一下。當然，不成功的可能性很大。

左右權衡後，安德魯毅然選擇了第二種解決方式。雖然這是公司的錢，但做最後的嘗試卻是安德魯的責任。安德魯不能因為成功的機率小、工作困難就徹底放棄它。

於是他迅速聯繫客戶，馬上和他們開始了一輪「唇槍舌劍」式的談判。一小時後，關於合約中有爭議的條款還未達成共識。由於氣氛緊張和身體勞累，安德魯的思緒有點跟不上了，可是安德魯仍然清楚地意識到，絕不能有半點退讓。

幾個小時過去了，大家都很疲倦，但情況仍無絲毫進展，雙方為了各自利益絲毫不讓。客戶希望等到有時間再商量這個問題。但安德魯知道，這個問題拖不得，因為這筆業務還要進行，如果拖，就等於變相地默認了客戶的理解方式。

安德魯決定找客戶的老總，因為他才是最主要的決策者。安德魯很快與這位老總取得聯繫，並約定第二天一早上門拜訪。談判仍然異常辛苦，因為客戶也是有備而來。時間一分一秒過去，將近中午時分，雙方還在激烈辯論。眼見「硬碰硬」的效果不理想，安德魯換了一套「軟對硬」戰術，先肯定客戶的理解也有一定道理，再尋找機會找破綻。機會果然來了，大概由於談判時間過長而疲乏所致，客戶說漏了一句話，馬上被安德魯抓住。最後安德魯一下「反攻」，客戶不得不最終同意按公司的理解方式來支付費用。

因為優秀的執行能力，安德魯才能夠反敗為勝，許多卓越人物都是如此。

在《財富》最近推出全球最有影響力商業人士名單中，埃克森美孚石油公司董事會主席兼首席執行官李·雷蒙德名列第六。

有人說，李·雷蒙德是工業史上絕頂聰明的領導者之一，是洛克菲勒之後最成功的石油公司總裁，因為沒有人能夠像他一樣，令一家超級公司的股息連續二十一年不斷攀升，並且成為世界上最賺錢的一台機器。

李·雷蒙德的信條就是：決不拖延。有事情就盡快去執行。在他的影響下，這一信條已經成為他所在公司秉持的理念之一。埃克森美孚石油公司躍升為全球利潤最高的公司，有著埃克森公司和美孚公司攜手的因素，更是因為它擁有一支迅速執行的員工隊伍。

在埃克森美孚石油公司中，每一位員工都知道自己的職責是什麼，在上司交代任務的時候只有兩句話：一句話是：「是的，我立刻去做！」另一句話是：「對不起，這件事我做不了。」

這樣的執行能力，怎能不成功?不去考慮困難，可不可能，盡力去做去嘗試的人，往往能比別人獲得更好的機會。

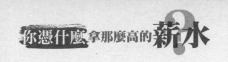

阿莫斯餅乾創辦人兼作家沃利·阿莫斯在職業生涯中曾經有過一段黑暗時光，那時他為音樂家兼歌唱家修·馬薩凱拉擔任事務助理，為他聯繫、安排工作行程，各項工作都進行的很順利，但是在一次演出結束後，馬薩凱拉認為他處理事務不當而解聘了他，雖然那次演出為馬薩凱拉賺進了一大筆收入。這令沃利·阿莫斯陷入困境：太太在醫院，兒子僅三個月大，沒有收入來源。後來沃利·阿莫斯認為這是他生活中最消沉的時候。但他並沒有讓它持續太久。因為他堅信除非想出脫離困境的辦法，一味地等待解決不了任何問題。

他不停地給其他人打電話，雖然屢遭拒絕，仍然不肯放棄。沃利·阿莫斯記起，就在這件事發生的前幾個星期，他曾經接到好友約翰·列維的電話，希望與他合作。因為很忙，所以沃利·阿莫斯勒拒絕了對方的請求。於是，他連忙給對方打了電話。結果那個工作還是虛位以待。

儘管在我們看來，那件事情已經幾乎不可能了，但阿莫斯勒還是趕緊去做了，他沒有坐在那裡考慮要不要打這個電話。正是這樣的執行能力，讓他得到了轉機。

職場力

誰都知道，紅燈停，綠燈行。但為什麼馬路上還是那麼亂呢？甚至還有父母帶著小孩去闖紅燈？每個公司的管理制度、管理流程基本相同，都有那麼厚厚的一本公司規章，但是為什麼公司與公司之間還會有這麼多差別呢？關鍵就是在有沒有執行。執行才是真正的道理！

公司中的每個員工都是在完成老闆交代的任務，為什麼有的人能夠脫穎而出，而有的人一輩子默默無聞呢？關鍵是你有沒有好好執行。

3. 解決難題，才是能力表現

一個人解決問題的能力越強，他能勝任的職位也會越高。

被譽為「世界第一CEO」的傑克．威爾許曾經說過：「在工作中，每個人都應該發揮自己最大的潛能，努力工作而不是浪費時間尋找藉口。要知道，公司安排你這個職位，是為了解決問題，而不是聽你關於困難長篇大論的分析。」

傑克是這麼說的，當然他也做到了這一點。永遠想著幫助公司解決問題，這就是他從普通員工成為CEO的祕訣，也是一個人從幼稚走向成熟的關鍵，是一個員工從青澀走向幹練的必經之途。

我們在工作中總會遇到各種各樣的難題，看看你我，誰在選擇逃避？誰又在勇於承擔責任？這些樂於奉獻的人，才是真正熱愛公司、懂得工作價值的人，才會在企業的發展中逐漸嶄露頭角，慢慢成為了企業的中流砥柱。

一九六五年，傑克建議通用電氣公司建造一座價值一千萬美元的工廠生產塑膠製品諾瑞爾。到了指定經理的時候，沒有人願意接受這個工作，很明顯，誰都不願為一個不能確定商業價值的產品去拿自己的事業前途冒險。但是，傑克渴望這個工作。

傑克知道這是一場艱苦的戰鬥，但是他所具有的能力卻是其他搞技術的人員所缺乏的，那就是銷售產品的能力。他感覺到，應該先把諾瑞爾賣給通用電氣內部的諸多企業，但當時所有的家用器具都是用金屬製造的，傑克就用諾瑞爾製造出了電動罐頭起子，這樣他就有了第一種可以銷售的商品了，藉此他讓人們相信，諾瑞爾還可以有許多其他用途，包括汽車車身和電腦外殼等。

由於當時的市場對塑料製品的需求不大，傑克幾乎走遍了可能的大小市場，不斷地讓那些嬰兒奶瓶、汽車、小器具用品的製造商們瞭解，利用塑料來製造這些東西，不但便宜、輕巧，而且更加耐用。

其他塑料廠家的推銷商一般都是由技術人員擔任，大多缺乏豐富的想像力，他們不善於與人直接打交道。傑克從中看出一個問題，他認為塑料企業沒有理由不重視客戶服務，他認為在推銷時要一把抓住顧客的需求，即使不這麼做，至少也得握住他們的手。這為通用電氣確立的服務理念打下了根基。

塑料部的工作為傑克的成功奠定了根基。他說：「我這一生中最興奮、最值得紀念的時光，就是那段使塑料部門在匹茲菲爾德突破成長的璀璨歲月，它讓我深深懂得，快速流動的水不會結冰。」傑克也因此被喻為「推銷天才」。

這就是傑克·威爾許的工作作風，他不會等待著問題的自我解決，而是自己親自去解決問題，為了推銷塑料，他幾乎走遍了大小市場，用行動去證明了這塊市場的商業價值。

傑克·威爾許堅持自己的工作理念，從一名普通的技術員工開始，他的職位不斷提升。一九八一年他成功地接任了通用電氣公司總裁職位，在短短二十年間，這位商界傳奇人物使通用電氣的市場資本增長三十多倍，達到了四千五百億美元，排名從世界第十提升到第二。

解決工作中的問題，簡單說，是一個人個人能力的表現。如果你只具有簡單的文字處理和文件整理的能力，那你就只能做個行政人員的工作；如果你具有銷售和溝通的能力，那你可以去做業務或是客服；如果你具有管理和決策的能力，那你就可以做更高級的職位。

解決工作中的問題，更是一個人道德水準的表現。很多人希望自己的公司越來越好，然而商場如戰場，從不會有心想事成、一帆風順的事。如果一遇到難題，便寄希望於別人來解決，而迫不及待地將自己從困境中撇清，不想接受挑戰，這無疑是工作水準較低的表現，這些人不是膽小鬼又是什麼呢？而工作水準高的人，則會主動解決各種各樣的難題，視解決困難為己任，主動幫助企業前進，讓自己得到成長。

我們每個人，走出學校進入社會的時候，不可能一下子就具有各式各樣優秀的能力。但這並不等同於，我們就只能勝任最簡單的工作，一輩子只能做一類事情，永遠得不到進步。接受工作中的問題、迎接挑戰的好處就在於，它能夠讓我們在解決問題的同時獲得更多鍛鍊自己能力和學習的機會，這不正是成長的必要條件嗎？

你可能一口氣吞下一個三層大蛋糕嗎？不能。同樣，你可能一下子成為商業界的精英嗎？還是不能。相信我，任何一位職場高手一開始在經歷和技術上和你都沒什麼區別，不過他們確實擁有高人一籌解決問題的工作能力，他們時刻站在公司的立場上，勇於接受和解決問題，於是得到了提升自己，走向成熟的機會，最終由平凡走向卓越。

職場力

還要將工作中的問題像皮球一樣踢給別人嗎？還要愚蠢地將提升自己、展示自己的好機會拱手讓給別人嗎？如果放棄了鍛鍊的機會，就等於放棄了成長的機會，放棄了自己的人生。由此看來，如果一個企業裡都是這樣沒出息的員工，把問題互相踢來踢去，那這個企業就是一個沒有前途的企業。而一個沒有前途的企業必將倒閉，一個沒有出息的員工必將被淘汰，一種遇事退縮、不思進取的心態，只能得到失敗！沃爾瑪連鎖超市的創始人山姆‧沃爾頓說過：「想不被企業和社會淘汰的僱員必須停止把問題推給別人，應該學會運用自己的意志力和責任感，著手行動，處理這些問題，讓自己真正具有卓越的工作水平和素養。」勇於接受問題，接受挑戰，才能做卓越的人才，才能造就卓越的企業。

4.向上進諫,得到老闆信賴

勸說是持續性的動態溝通過程,並非立即可獲得解決的單一事件。人才是請來用的。你有自己的想法時,就要提出來,老闆會考慮你的建議有無益處。如果他是一個真正的領導者,自然會讓你的好點子轉化為生產力,創造出價值。

加籐信三是日本獅王牙刷公司的小職員。身為一個小職員,儘管他前一天夜裡加班很晚回家休息;儘管他頭暈目眩,還想好好地睡上一覺,但是他必須馬上起床,趕到公司去上班。起床後,他匆匆忙忙地洗臉、刷牙,不料,急忙中出了一些小亂子!牙齦被刷出血來。加籐信三不由火冒三丈,因為刷牙時牙齦出血的情況已不止一次地發生過了。情緒不好的他懷著一肚子的牢騷和不滿衝出了家門。

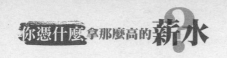

身為一個牙刷公司的職員，數次刷牙牙齦出了血，加籐的不滿情緒越來越大了。他怒氣沖沖地朝公司走去，準備向相關技術部門發一發牢騷。

走進公司大門時，走著走著，他的腳步漸漸地放慢了。加籐信三曾參加過公司組織的管理科學學習班。管理科學中有一條名言使他改變了自己的態度。這條訓誡說：「當你遇到不滿情緒時，要認識到正有無窮無盡新的天地等待去開發！」

當他冷靜下來以後，和同事們想出了不少解決牙齦出血的好辦法。他們提出了改變刷毛的質地、改造牙刷的造型、重新設計毛的排列等各種改進方案，經過論證後，逐一進行試驗。試驗中加籐發現了一個為常人所忽略的細節：他在放大鏡下看到，牙刷毛的頂端由於機器切割，都呈銳利的直角。「如果透過一道工序，把這些銳角都銼成圓角，那麼問題就完全解決了！」同事們都一致同意他的見解。

經過多次實驗後，加籐和他的同事們把成功的結果正式地向公司提出建議，公司很樂意改進自己的產品，迅速投入資金，把全部牙刷毛的頂端改成了圓角。

改進後的獅王牌牙刷很快受到了廣大顧客的歡迎，對公司作出巨大貢獻的加籐從普通職員晉陞為科長，十幾年後成為公司的董事長。

沒有誰，在他的一生中，沒有任何一個屬於自己的想法。你的好點子也許就能夠創造出很大的價值。可是，你是不是讓它從你手中輕易的溜走了呢?你的好點子或許能讓老闆對你更加青睞，你是否想表達，又不敢表達呢?

其實，凡事都需要智慧，凡事都要講究技巧。如何影響你的上級，如何說服你的老闆，這是人們最關心也最覺得為困難的事情之一。進諫往往是在情境對進諫者不利的情況下去影響上級，這更為艱難。

我們可以回過頭來看看歷史。在中國數千年封建社會中，有著不少這種成功進諫的例子。這裡蘊涵著極大的智慧。他們的所作所為，對今天的我們同樣有著極大啟示。

在封建時代，君主有生死予奪的大權，進諫的臣子往往會有生命危險，所以他們需要有極高的智慧和技巧。我們可以看到，在《觸龍說趙太后》中，觸龍面對趙太后的固執己見，不慌不忙，巧妙地迂迴進諫，動之以情，喻之以義，終於使趙太后改變了自己的看法，從國家大義出發，同意讓長安君去做人質。

今天的你，在進諫的時候也需要掌握一些基本的技巧，這樣才會讓事情進展得更順利。你需要注意的是：

不可以在過程的開始就堅定陳述自己的立場。我們常認為說服老闆就像是商業談判一般，以為在一開始時就應當堅定而清楚地表明自己的立場，在過程中不斷證明自己想法的正確性。然而，在面對老闆時，這種強勢的態度卻常常容易引起反效果。專家建議，最好不要採取直接的方式，採取建議性的態度，比較容易為老闆所接受。

勸說不僅發生在你與老闆之間幾小時的面對面討論而已，還包含了準備、發現以及對話的過程。準備的過程除了你必須搜集相關資料支持自己的觀點之外，更重要的是，在進行勸說之前，你必須從各種角度去測試自己的想法：這會對其他人有什麼影響?我的說明是否有不足的地方?還有沒有其他可能的方法?老闆對這樣的想法會有什麼樣的質疑?

因此,在勸說之前,你也必須花費一段時間透過各種可能的對話機會或是觀察,試著瞭解與發現老闆的真實想法,在工作中他最優先考慮哪些事情?他必須顧及到哪些層面?他的思考模式又會是什麼?在說服時你才有可能找到正確的切入點,更容易打動老闆的心。

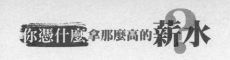

如何說清楚你的想法、強化說服力,其實與內容的邏輯性與合理性是同等的重要。一般人都太過注重說明的內容,卻沒有注意到如何運用技巧,強化自己的說服力。要能強化說服力,必須掌握以下關鍵幾點:

建立個人的信用。你個人的信用來自於兩方面:專業度以及人際關係。專業度代表的是你在某個領域所具備的專業知識,這可以從你過去所表現出來的具體成績中得到證明。另一方面,在說服過程中,你是否表現出對問題的深入瞭解,並對各種可能影響因素在事前都已做好完整的分析。至於人際關係的信用度,指的是個人的合群度。老闆是否相信你是一位願意接受他人意見、容易溝通的人，而非堅持己見、不容易妥協的人；你不是為了自己利益，而是為了部門或是組織整體利益著想；你是誠實、穩定、可靠的人，不是情緒起伏不定、工作表現大起大落的人。

運用生動的語言。你的說明內容必定會牽涉比較抽像的概念或是大量的數據，最好運用實際的例子，或是生活中所熟悉的事物作為模擬，才能讓資料產生意義，同時讓老闆快速的理解。

考慮老闆的立場。我們時常感覺身為老闆的人總是性格保守，對於許多事情都持否定的態度，似乎他唯一的目的就是反對。事實上，老闆在行事作風上所表現出的保守傾向，多半時候是為了顧及不同的需求，必須在相互衝突的期望之間尋求最大公約數。你的老闆所面對的是更廣大的組織網絡，他所要解決的不只是工作的問題而已，更多時候他必須處理複雜的人際關係。這是你在說服時必須考慮到的。

職場力

你必須表現出對於自己的提議或是報告內容的熱情與信心，但是也不要過度的感性，以免顯得有些感情用事、不夠專業。另一方面在說服的過程中，最好能一心二用，在陳述意見的同時，仔細觀察老闆的情緒狀態，隨時調整說話的語氣。

同樣的意思，採用不同的說法，就會收到不同的表達效果。關鍵時刻，你聰明的好想法，運用巧妙的技巧向老闆提出，定會收到極好的效果。

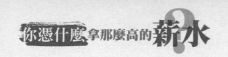

5. 一次做到好，能力自然提高

如果現在的任務執行不好，那麼很可能就沒有下一次了。

在執行中，要想達到百分之百的完美結果，你就不要期待有「下一次」。

不知道你注意到沒有，在日常生活中，有很多喜歡說「下一次」的人。

做學生時：「我這一次沒考好，下次一定會考好！」

找工作時：「我這次面試沒通過，下次一定要通過！」

與戀人分手時：「這次沒找到好的對象，下次一定要找到比他（她）更好的對象！」

業績沒達成時：「我這個月沒有達到業績目標，下個月我會認真達成！」

在與一些不成功的工作者的溝通中，我發現他們或多或少都給人一種「局外人」的印象，總是在被動地等待著機會的降臨。看到別人獲得升遷，他們的反應是：他的機會比我好，如果我有同樣的機會，或許會做得比他更好。這樣的人在執行任務時從來不會去想要做到百分之百執行，因為他們相信「下一次」。難道人們真的認為有無數個「下一次」在等待他們嗎？

洪水發生時，一個溺水者被困在屋頂，因為他是一個意志堅定的基督教徒，堅信上帝會來拯救自己。這時，水上划過來一艘小船，漁夫大叫他趕快上來，可是他說上帝會來搭救自己，不願上船；水浸過腳踝時，一棵樹漂過身邊，他隨手可以抱到，但他相信上帝會來，也沒有行動；水浸過半身時，一株草叢被水沖到身邊，但堅信上帝的信徒還是不予理會，結果終於被水淹死。到了天堂，溺水者質問上帝，上帝回答他說；「我給了你三次機會，你自己都放棄了，結果當然是命喪洪水。」

一個人如果不去全力以赴執行工作，抓住機會，那麼即使上帝也幫不了他的幫。況且在現實生活中，機會絕不會隨隨便便就降臨到你的頭上。你不妨想一下，如果你是一個公司的領導者，你的下屬面對你交給他的任務，隨意懈怠，不想方法完成任務，一旦沒有完成，還向你保證，下次一定圓滿完成任務。你會給這樣的下屬晉陞和加薪的機會嗎？

真正的強者，他們從不指望「下一次」，而是百分之百執行現在的任務。我經常告誡我的員工：公司離破產只有三十天，你離失業也只有三十天。設想一下，如果公司的全部員工都在期待著下一次，這個公司的唯一結局只能是破產倒閉。有多少個龐大的企業巨人就是因為一時的決策和執行不力，從此陷入困境，一蹶不振。組織是這樣，個人也是這樣，我們見過很多的政治明星就是因為一次失策而斷送了自己的前途。所以，如果你把希望寄托在下一次，那麼你就永遠是個觀看著別人成功的旁觀者。

有兩家軟體公司同時瞄準了一家大客戶。誰若是贏得這家客戶，不僅意味著巨額的訂單，而且未來還會獲得更大的銷售機會，並在與對手的競爭中佔得先機。兩家公司展開了激烈的競爭。結果客戶發現，兩家公司在產品展示、需求分析、價格比較、售後服務承諾方面都不相上下。為了做出選擇，客戶想出了一個主意。在週末的晚上十二點，他打電話給兩家軟體公司的專案經理，希望他們能夠在半個小時內趕到客戶的辦公室，再做一次產品示範。第一家公司的專案經理認為雖然客戶的要求有些奇怪，但是並不過分，完全在自己的職責範圍之內。於是他帶上相關資料，準時趕到了客戶的辦公室。另外一家公司的專案經理接到電話後則認為客戶的要求很過分，好像是在有意刁難自己。他先是提出能否到第二天再做產品示範，在遭到拒絕後，也很不情願地表示，最遲也要一個小時後才能到。

結果，客戶理所當然地選擇了第一家公司。他的理由很簡單：「在產品不相上下的時候，人的因素就佔據了主要地位。」很難想像第二家公司的員工在產品出現問題時會有很好的售後服務。

第二家軟體公司還會有挽回敗局的下一次嗎？我相信客戶不會再給他們第二次機會。在爭奪這家客戶的競爭中，僅僅因為一次的執行不力，他們第二家軟體公司就徹底出局了！

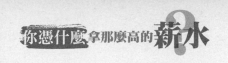

當然，強調沒有下一次，並不意味著只要有一次執行不力，你就會遭遇工作上的徹底失敗，很多的公司和個人往往是在經歷了很多次的挫折後才成熟起來。沒有下一次，更重要的是要求你具有這樣一種心態，在完成每一項任務時，都要全心全意地去做，不能抱有僥倖心理，認為自己還有下一次機會。如果你在做公司交代的第一件事時就抱有這樣的想法，那麼在做第二件第三件事情時，這種心理會一直伴隨著你。一旦你抱有「還有下一次」的想法，你就不可能百分之百去執行當下的任務，因為你給自己留下了後退的餘地。久而久之，「還有下一次」就會成為你的一種工作習慣。在你還沒有開始工作的時候，你就為自己的失敗尋找了藉口，你如何期望自己能夠全力以赴地做到百分之百的執行？

我的第一位老闆，他平時看上去相當和藹可親，但是在工作中卻近乎苛刻。有一次，他看見我打印的文件上面有一個文字錯誤，就當面批評我，說這樣會影響公司的形象。當時的情況是：這份文件的專業名字特別多，我剛剛接手，還不十分熟悉。一般人會認為出錯也情有可原。但是我的老闆拒絕聽我解釋，而是說：「我不想聽任何藉口，工作上，犯錯沒有藉口，更沒有下一次。」

真正的強者，他們從不指望「下一次」，而是百分之百執行現在的任務。如果現在的任務執行不好，那麼很可能就沒有下一次了！

職場力

沒有下一次，只有現在的這一次，因為時間不能倒流，走過的不能回頭。生命，就如那黃色的樹林，一個路口，一次抉擇，不知有多少條路，而那走過的，卻已是東流的江水，一去不復返，只有沿著走下去，也許是懸崖，也許是烏托邦，一直走到生命的終點。驀然回首，才知時光如箭，歲月如梭，當年的「下一次」終會隨風而逝，留下的，是老淚縱橫。

人生如此，做事也如此。樹立「一次做到好」的理念，把握機會，全心投入，一定會使你的工作能力更上一層樓。

6.結果導向，指明執行方向

在沒有成功之前，你沒有自己，你是為了結果而活的人，有了這樣的魄力，沒有你達不到的成績。

獲得良好的執行能力，最終要的有兩個因素：關注核心事務和以結果為導向。

許多時候，我們會很煩躁：面臨一件比較棘手的任務無從下手；要做的事情一大堆，千頭萬緒不知從何做起。那是因為你不懂得看準目標抓住重點。道理很簡單。「射人先射馬，擒賊先擒王」，「打蛇打七寸，牽牛牽鼻子」，說的都是這個道理。抓住重點，不僅僅完成了達到目標要做的最關鍵的事情，而且解決一件關鍵的事，就會帶動整體事件的推進，使我們離目標的實現越來越靠近。

眉毛鬍子一把抓，只會讓你疲憊不堪卻收效甚微。學會從千絲萬縷的任務中找到重點，學會統籌，學會科學的安排和盤算，是良好執行能力的關鍵。

從諸多的小事中抓住大事、從大事中把握、做好最重要的事情，在紛繁複雜的事務中理出頭緒來，是每個人的必修課。成功人士的成功之處在於在他們有限的生命裡完成了要做的重要事情。每個人都要以重要的事情為中心，培養我們抓住重要事情的能力。

面前擺著一件要做的事情時，首先要分清楚輕與重、緩與急，如果隨意地胡亂瞎抓一通，沒有一個清晰的思路，結果只能是「事倍功半」，甚至是「勞而無功」。一定要抓住目標的根本去實施和完成，不能不分主次，甚至把力氣都使用到了次要的方面，造成一事無成的局面。眉毛鬍子一把抓，往往結果是撿了芝麻，丟了西瓜。

「抓住主要問題，抓住主要問題的解決方向」，這是你所熟知的道理。根據你所要達成的目標，分析需要做哪些工作可以完成，看看哪樣最重要且應該先做。分清輕重主次之後，就可以輕鬆應對了。

同樣，當你面對棘手的問題時，可以把它分解開來各個擊破。往往是解決了核心問題之後，剩下的就迎刃而解了。

有的人整天忙忙碌碌卻不見得有什麼成績，有的人並不怎麼忙碌，卻輕輕鬆鬆生活得多彩多姿。同樣是一天二十四小時，卻有著不同的效率和質量，這其中，做事能否抓重點是決定執行能力差異的一個重要因素。

下面來說結果。你自己也肯定十分瞭解結果的重要性。沒有結果，就沒有生存，只有實實在在的結果才是成功最好的憑證，所以要想成功就要把結果放到第一位，一切以結果為重。在結果面前，沒有自己。

一切以結果為重，就意味著要不畏艱難和險阻，勇往直前，無論讓自己付出多大的代價都會義無反顧地向著結果前進。靠著這種精神，人類才創造了一個又一個的奇蹟，不斷推動社會的進步和發展。

但現實中，大多數人都無法取得輝煌的成就，很大原因是因為他們在困難面前，首先想到的是自己，想到自己將會受到多麼大的苦難，唯獨沒有想到，要是透過努力獲得結果，那是多麼的美好。他們沒有想到，在他們放棄了追求結果之後，他們也就放棄了全部。

有史以來所有成功的案例都反覆證明了一個道理：在完成一件事的過程中，只要你用上全部的力量、才幹和睿智，滿懷所有的希望、信念和執著，甚至願意用整個生命做賭注，那麼你就一定能得到想要的結果！

結果代表了你的執行能力，是你的行為活動的最大價值。人同樣活著，同樣呼吸著，可是會因為他們的行為結果被區分著。有的人一輩子碌碌無為，當個平凡的小人物，而有的人卻大有作為，成為了世人矚目的成功人士，受人尊敬，被人景仰。

沒有人能夠隨隨便便成功，成功是需要付出一定的代價的。好好想想自己付出了多少，如果你還沒有付出自己全部的話，那麼就要從現在開始轉變思想了，把結果放在第一位，不計較要付出多大的代價，用自己的全部去拚搏，這樣，執行能力絕對得到大大提高，你一定會收穫一個好的結果。

如果面對老闆給你下達的命令，你覺得自己完成起來有些困難，這時候該怎麼辦呢？

首先，你必須樹立自信心。不戰自敗的心態使人難以成就大事。如果你懷疑自己，那麼你的立足點就不穩固了。不相信自己的人會讓自卑心理消磨意志，淡化自己的追求。在現實生活中，正是我們相信「我辦的到」的觀念使得我們成就斐然。所以，當你在生活或工作中遇到困難的時候，你要對自己說：「我一定要試一次，我不相信自己做不好這件事！」當你對自己充滿自信的時候，誰也不能夠將你打倒。

其次，你需要有持之以恆的精神和堅忍不拔的毅力。有時候困難確實很大，不是一朝一夕就能解決的。你需要做的就是要不停地努力、嘗試。即使有百分之一的希望，你也不要放棄，放棄就意味著徹底沒有希望。

然後，你還要注意解決困難的方法。有些困難就像是一把筷子，如果你一下子想折斷所有的筷子顯然很困難，但是如果將筷子分開，一根一根地折就很容易了。「方法總比困難多」，如果你不能很好解決，說明你還沒有找到合適的辦法。

自信堅韌，接到任務馬上行動絕不拖延，以結果為導向，抓住重點，選擇合適的方法去做，一次就把事情做好，你絕對可以讓自己獲得驚人的執行能力。

一般來說，企業老闆都很瞭解什麼是結果導向，這主要是因為老闆每到月底都要發工資，這就是結果導向。這個任務是死的，既然公司請了一群人做事，到了月底，不管經營好壞，工資都要按時發，這就是結果導向。

結果導向是每個人都需要的，老闆到了月底要發工資，所以他不得不強調結果導向。結果導向強調的就是結果，它包含以下幾個要素：站在結果的角度去思考問題；要有一個目標在；動起來再說；先保六十分，不求完美；要有預見性。

職場力

成熟的人對結果負責，這就是結果導向。

結果導向這種觀念在外資企業是不折不扣的重要理念，一些民營企業也要漸漸引入這種觀念，所以我們每個人必須要有這種觀念，沒有這種觀念，你一定做不好你的事情；如果有了這種觀念，你會發現自己是一個有效率、企業需要的、有執行導向的那種人。

Chapter 2

關鍵時刻化險為夷——

應變能力

在科技和訊息高度發達的今天，
應變能力是當代人應當具有的基本能力之一。
學會方法，及時解決難題，及時表現自己、偽裝自己，
適時反擊，處亂不驚，化險為夷。

應變能力在人生的旅程中發揮著至關重要的作用，
能夠幫助人們在關鍵時刻起到畫龍點睛的效果。

7.及時轉變，不要墨守成規

懂得應變，是一個人能夠將劣勢轉變成優勢必須要具備的一種素質。

在當今社會中，我們每個人每天都要面對比過去成倍增長的訊息，如何迅速地分析這些訊息，是人們把握時代脈搏、跟上時代潮流的關鍵。它需要我們及時轉變，不要墨守成規，具有良好的應變能力。另一方面，隨著社會競爭的加劇，人們所面臨的變化和壓力與日俱增，每個人都可能面臨擇業，上班等方面的困擾。努力提高自己的應變能力，對保持健康的心理狀況是很有幫助的，對在關鍵時刻取得致勝是十分有益的。

應變能力，是一種根據不斷發展變化的主客觀條件，隨時調整自己行為的一種能力，也是確保自己能夠獲得成功的關鍵因素。

具有應變能力的人，不例行公事，不因循守舊，不墨守成規，能夠從表面的

「平靜」中及時發現新情況、新問題，從中探索新路子，總結新經驗，對改革中遇到的新事物、新工作，能夠傾聽各方面的意見，認真分析，勇於開拓，大膽提出新設想、新方案；對已取得的成績，不滿足、不陶醉，能夠在取得成績的時候，不得意忘形，能透過成績找差距、挖隱患，百尺竿頭，更進一步。

一個人在工作的過程中，要根據事物的發展變化審時度勢地作出機智果斷的應變，在當今世界，事物各方面的發展日新月異，千姿百態，如果沒有善於應變的能力，是很難在複雜的人際圈中走出自己的一片天地的。無論什麼事情，都充滿了變數，怎樣在不斷變化的形勢中，抓住對自己有利的方面，避開對自己不利的方面，是決定自己化被動為主動的關鍵因素。

關鍵時刻，善於應變的人，一定是處變不驚的，會冷靜地思考自己面對的問題，不會自亂陣腳，而是用魄力戰勝自己內心的不安，盡最大的努力達到自己的目的。

每個想要在自己的領域中有所作為的人，都應該培養自己關鍵時刻的應對能力，只有有了很強的應對能力才能更好地應對出現的各種突發狀況，不至於自亂陣腳。

《三國演義》裡有一個很經典的故事，叫做《孟德獻刀》。「治世之能臣，亂世之奸雄」曹操（字「孟德」）不滿董卓專權，帶上「七星寶刀」準備行刺董卓，恰逢董卓在睡覺，曹操以為天賜良機，正待作勢抽刀手刃奸賊以謝天下。誰知道董卓是個練家子，有人進他臥室早就有所察覺，他雖然背對曹操，可他還是從床上的鏡子裡發現了曹操有抽刀的跡象，立刻神經過敏地翻過身來問曹操要做什麼。羅貫中先生筆下的董卓身材魁梧力大無窮，曹操自知不是對手，如果此時孤注一擲弄不好會「偷雞不成反蝕一把米」，一旦殺不了他還反被他殺，那可大大的不妙。

所謂「滄海橫流，方顯出英雄本色」，在這千鈞一髮之際，很多人恐怕都只有尿褲子或者束手就擒的份了，但是我們的曹操先生卻鎮定自若地捧上「七星寶刀」詐稱是前來「獻刀」，董卓那老渾蛋一時不察，居然被曹操這廝瞞天過海溜之大吉，曹操處變不驚化不利為有利的本領實在是讓人敬佩。

明朝正德年間，福州府城內朱紫坊有位秀才鄭堂開了家字畫店，由於這人是個附庸風雅的公子哥，琴棋書畫詩詞歌賦都略知一二，頗有些名聲在外，所以店裡生意頗是興隆。

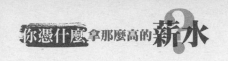

有一天，有位叫龔智遠的拿來一幅傳世之作《韓熙載夜宴圖》押當，鄭堂大喜，當場付了八千兩銀子，龔智遠答應到期願還一萬五千兩。一晃眼就到了取當的最後期限，仍不見龔智遠拿銀子過來贖畫，鄭堂似乎感覺到有些不大對勁，取出放大鏡仔細一看，原來是幅贗品。鄭堂被騙走八千兩銀子的消息，一夜之間不脛而走轟動全城。

兩天之後，受騙了的鄭堂卻作出一個讓人跌破眼鏡的決定，他在家中擺了幾十桌大宴賓客，遍請全城的士子名流和字畫行家赴會。酒至半酣，鄭堂從內室取出那幅假畫掛在大堂中央，說道：「今天請大家來，一是向大家表明，我鄭堂立志字畫行業，絕不會因此打退堂鼓；二是讓各位同行們見識見識假畫，引以為戒。」待到客人們一一看過之後，鄭堂把假畫投入火爐，邊燒邊義正詞嚴地說道：「不能留此假畫在這世上再害人了！」八千兩銀子就這樣付之一炬，鄭堂之氣度恢弘財大氣粗再一次轟動全城。

鄭堂焚畫後的第二天一大早，那個本已銷聲匿跡了的龔智遠早早來到他的字畫店裡，推說是有要事耽誤了還銀子的時間。鄭堂說：「無妨，只耽誤了三天，但是需加三分利息。」鐵算盤一打，本息共計是一萬五千二百四十兩銀子。龔智遠昨夜已得知自己的那幅畫已經被他燒了，所以有恃無恐地要求以銀兌畫。鄭堂驗過銀子之後，從內堂取出一幅畫，龔智遠冷笑著打開一看，不由得頭暈目眩兩腿發軟，當下就癱倒在地。

原來，鄭堂知道上當受騙後，覺得不應該就這樣讓騙子輕易得逞，自己應該想辦法盡量挽回損失。他靈機一動，自己抓緊時間依照贋品又仿造了一幅畫，畫好後故意大宴賓客毀畫（毀掉的是贋品的仿製品），故意讓龔智遠聽到風聲，從而主動送來本息巨金。就這樣，鄭堂不但沒有白白損失八千兩銀子，反倒還大賺了一筆，還讓龔智遠這樣自作聰明的傢伙啞巴吃黃連——有苦說不出。

職場力

在不利的情況下能處變不驚，充分地利用對手貪婪的本性，巧妙地化不利為有利，鄭堂這種卓越的智慧，實在太值得借鑑和學習了。

如果你真想要獲得成功，就一定要能在關鍵時候沉得住氣，在任何不利局面下處變不驚，充分發揮自己的聰明才智，盡可能地把局面向對自己有利的方向轉化。當然，這種素質的具備，和你平時自身經驗的累積、自身能力的具備以及平時是否就有一個積極向上、樂觀進取的心態有很大的關係。

8.方法致勝，及時解決難題

有這樣一句話，上帝每製造一個困難，也會同時製造三個解決它的方法來。

當你面對無論是事業上還是生活上的重要關口的時候，千萬不要手足無措，一定要靜下心來思考解決問題的方法，用奇妙的方法來達到事半功倍的效果，這樣才能化不利為有利，成就自己的大事業和人生。

波斯灣戰爭開打的時候，美日矛盾激化，傑強身為日本凌志汽車在美國南加州的銷售代理，深刻體會到由於這場戰爭，美國人可能不會再跑來買凌志汽車了。傑強分析到，如果人們因為戰爭和社會穩定問題，不來參觀凌志汽車的車型的話，那他肯定會失去工作。傑強放棄了一般銷售人員慣用的做法——繼續在報紙和廣播上做大量的廣告，等著人們來下訂單。他是個頭腦很靈活的人，在分析了當時問題的關鍵之後，列出了若干條可以實現的辦法，最後確定了其中最妙的一個手段，作為改變銷售形勢的策略。

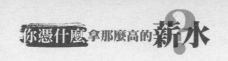

對於這個問題，傑強是如此分析的：假設你開過一輛新車，然後再回到自己的老車裡，你會感覺到你的老車怎麼突然之間有了那麼多讓你不滿意的地方。或許之前你還可以繼續忍受老車的諸多缺點，但是忽然之間，你知道了還有更好的享受，你會不會決定去買輛更好的車呢？想清楚問題的關鍵之後，傑強立刻落實他所想到的那個新對策，他吩咐若干名銷售人員去戶外工作，讓他們各自開著一輛凌志新車，到富人常出沒的地方——鄉村俱樂部、碼頭、馬球場、比佛利山和一些特別的聚會等——然後邀請這些人坐到嶄新的凌志車裡兜風。這些富人享受完新車的美妙以後，再坐回到自己舊車裡面的時候，真的產生了很多抱怨聲，在那之後，陸陸續續開始有人購買或租用新凌志車，並且生意也沒有因為戰爭而受到很大的影響。

這種方法與那些在報紙和雜誌上做廣告的方法比起來，其效果是立竿見影的，因為在報紙和雜誌上做廣告，消費者並沒有一個直接的認識，對這種車的優點並沒有切身體會，傑強的方法正是抓住了問題的關鍵，給消費者一個切身的體會，讓他們親身體驗新車的優勢。這樣自然會達到更好的廣告效應。傑強在關鍵時刻的應變能力是值得每個人來借鑑的，任何事情的解決辦法可能不止一種，在特殊情況下，就要發揮自己的應變能力，找到最好的解決方法。

一個聰明的人在關鍵時刻總是能夠用自己的應變能力得到上司的認可，不僅為公司的發展作出了自己的努力，也促成自己在事業上的發展。

有一家生產牙膏的公司，產品優良，包裝精美，很受消費者喜愛，營業額連續十年遞增，每年的增長率都在百分之十到百分之二十。可是到了第十一年，企業業績停滯下來，第十二年、第十三年也如此，維持同樣的數字。公司經理召開高級會議，商討對策。

會上，公司總裁許諾說：「誰能想出解決辦法，讓公司業績增長，就有十萬元獎金。」與會的人可以說是都希望能夠得到這筆獎金，更重要的是這樣的人一定能夠得到總裁的賞識。但是每個人的臉上都寫著同樣的答案：這是個難題。在這個關鍵時刻，有位年輕經理站出來遞給總裁一張紙條，總裁看完，馬上簽了一張十萬元的支票給這位經理。

那張紙條上只寫了一句話：將牙膏管開口擴大一毫米。

消費者每天早晨習慣擠出同樣長度的牙膏，牙膏管口擴大一毫米寬的牙膏，每天牙膏的消費量將多出多少倍呀！

公司立即開始更換包裝。第十四年，公司的營業額增加了百分之三十二。從此之後，每當有什麼重要的問題需要解決時，總裁也都不會忘記去問一下這個年輕經理的意見。

職場力

這是多麼聰明的一個方法啊！如果沒有很強的應變能力是不能想出這樣的方法的。這位年輕的經理，正是在關鍵時刻讓眾人看到了自己的應變能力，找到方法解決問題，幫助公司走上了新的成功之路，也給自己的職業帶來了新的機遇。

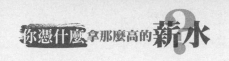

9.機會面前，及時表現自己

猶豫不決固然可以免去些做錯事的可能，但同樣也會失去許多機遇。命運良機往往就在一念之間。

一個六歲的男孩發現一個鳥巢被風從樹上吹掉在地，裡邊滾出了一隻嗷嗷待哺的小麻雀。孩子決定把它帶回家餵養。

當他托著鳥巢走到家門口時，忽然想起媽媽不讓他在家裡養小動物。於是，他輕輕地把小麻雀放在門口，急忙進門去請求媽媽。在他的苦苦哀求下，媽媽終於破例答應了。

男孩興奮地跑到門口，不料小麻雀不見了。不遠處，一隻黑貓正在意猶未盡地舔著嘴巴。男孩為此傷心了很久。從此他記住了一個教訓：只要是自己認定的事情，決不可優柔寡斷。這個男孩長大後成就了一番事業，他就是華裔電腦名人

——王安博士。

其實，生活中並不缺少機遇，而是缺少創造機遇的智慧、發現機遇的頭腦以及把握機遇的能力。人一生的命運就是由一連串的機遇連接成的。一個人的人生是否精彩，關鍵在於他是否能夠把握住這些機遇。這其中，及時在貴人面前表現自己，是一種很有效的方法。

由學徒發展成洲際大飯店總裁的羅伯·胡雅特，他的經歷有很多值得相信「機遇」的年輕人仔細回味的地方。

胡雅特是法國知名的觀光旅館管理人才。可是他當年初入這行時，不僅對這一行懵懂無知，而且還是帶著幾分勉強的心情。因為那完全是他母親一手安排的，胡雅特一點也不感興趣，但也沒有反對的意思，只是渾渾噩噩的。這樣的工作方式，當然談不上機遇不機遇。

剛進去的時候，胡雅特很不適應，便想離開，但他母親認為，抱著憐憫自己、同情自己的心理，改變主意，以後就會形成習慣，一遇到困難就打退堂鼓，最終將會一事無成。胡雅特最後還是回到訓練班，結果以第一名的成績畢業，並僥倖進入羅浮的關係企業——巴黎柯麗瓏大飯店。

胡雅特進去是當服務生，但他知道，觀光大飯店，接待的是各國人士，必須有多種語言的能力，才能應付自如。於是，他在工作之餘，開始自修英語。三年之後，柯麗瓏大飯店要選派幾個人到英國實習，胡雅特被錄取了。

在英國實習一年回來後，胡雅特由服務生升為了領班。接著，他獲得一個機會到德國廣場大飯店實習。胡雅特到德國後不久，正遇上二十世紀三零年代的經濟不景氣，觀光客的人數跟著銳減，大飯店的經營非常不容易。他利用廣場大飯店過去旅客的資料，動腦筋設計出一些內容不同的信函，分別寄給旅客，使廣場大飯店平穩地渡過了這段艱苦的時期。他這些信函，其中有四百多封，直到現在還有不少觀光業作為招攬客人的範本。

這時候，胡雅特已經具備英、德、法三種語言能力，但一直沒有機會去美國看看，於是決定請假自費到美國看一看。經理卻決定特准予他公假，以公司名義去美國考察，一切費用由公司承擔。

胡雅特一到美國就去拜見華爾道夫大飯店的總裁柏墨爾，並把經理的親筆信交給他，請他給自己一個見習機會，並要求從基層做起。

胡雅特真的從擦地板開始做起。胡雅特的做法，給他帶來了好運。

有一天，華爾道夫的總裁柏墨爾到餐廳部來視察，看到胡雅特正在趴著擦地板。他跟這位來自法國的青年見過一面，印象頗為深刻，見他在擦地板，不禁大為驚訝。

「你不是法國來的胡雅特嗎？」柏墨爾走過去問。

「是的。」胡雅特站起來說。

「你在柯麗瓏不是當副經理嗎？怎麼還到我們這裡擦地板？」

「我想親自體驗一下，美國觀光飯店的地板有什麼不同。」

「你以前也擦過地板嗎？」

「我擦過英國的、德國的、法國的，所以我想嘗試一下擦美國地板是什麼滋味。」

「是不是有什麼不同?」

「這很難解釋,」胡雅特沉思著說,「我想,如果不是親自體會,很難說得明白。」

柏墨爾的眼睛裡,突然閃起一道亮光,用力注視了他半天,才說:「你等於替我們上了一課,胡雅特,下班後,請到我辦公室來一趟。」

這次的相遇,使胡雅特進入了美國的觀光事業。自此以後,胡雅特的事業蒸蒸日上,一直做到洲際大飯店的總裁,手下有六十四家觀光大飯店,營業範圍延伸到世界四十五國。

從這些知名成功人士的身上,我們最能明顯看到的優秀品質就是:超人的交際能力。善於結交朋友,建立有效的社交圈,尋求前輩們的指導,對每個人來說都是基本的職業技能。

所以年輕人要取得成功,關鍵時刻要充分表現自己,展示個人魅力,以下幾種方法可以幫助你做到這一點。

不斷地拋頭露面

你主動出擊的次數越多，你所認識的人也越多。你認識的人越多，認識「貴人」的可能性就越大。

幫生命中的「貴人」做事

環境決定命運，在貴人身邊做事，你會學到很多東西。

與生命中的貴人一起合作

所謂的與馬賽跑，不如騎馬成功。畢竟站在巨人的肩膀上，成功來得比較容易。

通常意義上的貴人，是指身邊那些掌握資源、權力的人。如果初入社會的人是這種功利的想法，就太幼稚了。想抓住貴人，必要先能識別出貴人。拿貴人當凡人，是有眼無珠，更有甚者，拿貴人當仇人，就是命比紙薄了。

你的上司，你接觸到的成功人士，把露臉的任務、挑戰性高的任務交給你的人，把髒活累活沒人愛做的事硬塞給你的人，好為人師、對你絮絮叨叨的人，寬容的客戶、挑剔的客戶等都是你的貴人，簡而言之，主動與你打交道的人都是你的貴人。

職場力

比爾·蓋茲說：「機會與我們的事業休戚與共，她是一個美麗萬分而又脾氣古怪的天使。她會忽然來到你的身邊，如果你稍有不慎，她又會飄然而去，不管你是如何地扼腕歎息，從此她都將一去不返永不再來。」

機會對人的成功至關重要，但它又往往是稍縱即逝的，要想不讓機會溜走，就要具有關鍵時刻的把握能力。所謂把握能力，就是指在機會來臨時，不要猶猶豫豫，要能夠果斷決策，該出手時就出手。只有把握住了機會，才能把它利用好，最終取得成功。

10.學會選擇，更要懂得放棄

有智慧者，會遏制膨脹的慾望，捨棄對名利的渴求。

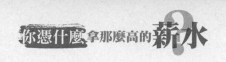

人的一生除了需要不斷地獲取外，恐怕更多的還是需要不斷地摒棄。關鍵時刻能否捨棄必須捨棄的東西，這或許是衡量一個人是否成熟、是否具有智慧的一個重要標準。除了那些必須立即捨棄的東西以外，恐怕還要包括捨棄那些暫時還不是必需但遲早會變得無多大實際意義，抑或已經變得重複累贅、時常磕磕絆絆地影響著我們生活的東西，才應該是真正成熟和睿智的做法。

生活中，我們時刻都在取與捨中選擇，總是渴望著取，渴望著佔有，常常忽略了捨，忽略了佔有的另一面——放棄。懂得了放棄的真意，也就理解了「失之東隅，收之桑榆」的妙諦。懂得了放棄的真意，靜觀萬物，體會與世界一樣博大的境界，我們自然會懂得適時地有所放棄，這正是我們獲得內心平衡，獲得快樂的好方法。

有追求者，會珍惜寶貴的時間，拒絕庸俗的交往。居里夫人的會客廳裡，只有一張簡單的餐桌和兩把陳舊的椅子。她說：「我在生活中永遠是追求安靜的工作和簡單的家庭生活。」捨棄了無聊的交際，讓她有更多的時間做科學研究，獲得了巨大成就。主動捨棄一些沒有意義的應酬，把有限的時間和精力投入到更有意義的事情，才會擁有更豐富多彩的人生。

春秋時范蠡幫助越王勾踐成就霸業後，斷然棄官，泛舟江湖。一個人能夠從巔峰抽身，捨棄眼前榮耀，不為俗務所困，既是種智慧，更是種境界。難怪後人感歎：「人生極貴是王侯，浮名浮利不自由。爭得似，一扁舟，弄月吟風歸去休。」相反，秦代名相李斯，位及人臣，卻不能捨棄高官顯爵，繼續糾纏爭鬥於權力場，最終累及自己和家人。捨棄一點名利，關鍵是不要讓自己「心為形役」，不要讓名利遮蔽了眼睛。

有境界者，會捨棄對財富的貪念。蓋茲創造了當代個人財富神話，卻把大部分錢捐給慈善機構，用於公益事業，並明確表示，在死後要把全部財產捐出去。他說：「我只是這筆財富的看管人，我需要找到更好方式使用它」。很少有人可以像蓋茲那樣富有，但如何正確面對財富，卻是人生共同的話題。財富無窮盡，人生也有涯，我們不能成為金錢和慾望的奴隸，而要做心靈的主人。一個人正常的物質需要是有限的，不要讓無窮慾望左右人生。面對紛紛擾擾的世界，在吃飽穿暖後，不妨捨棄些賺錢的機會，用更多時間淨化心靈，陶冶情操，感受多彩生命與自然安寧。

詩人泰戈爾說過：當鳥翼繫上了黃金時，就飛不遠了。放棄是生活時時面對的清醒選擇，學會放棄才能卸下人生的種種包袱，輕裝上陣，安然地等待生活的轉機，度過風風雨雨；懂得放棄，才擁有一份成熟，才會活得更加充實、坦然和輕鬆。學會選擇就是審時度勢，揚長避短，把握時機，明智的選擇勝於盲目的執著。選擇是量力而行的睿智和遠見，放棄是顧全大局的果斷和膽識人生的戲，每個人都是自己生命唯一的導演，只有學會選擇和放棄的人才能徹悟人生，笑看人

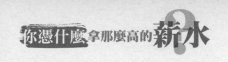

生，擁有海闊天空的人生境界。

放棄其實就是一種選擇。面對一道數學題，你必須學會放棄錯誤的思路；走在人生的十字路口，你必須學會放棄不適合自己的道路；面對失敗，你必須學會放棄懦弱；面對成功，你必須學會放棄驕傲；面對公共利益，你必須學會放棄私慾，堅決維護；面對老弱病殘，你必須學會放棄冷漠，實施救助……我們只有在困境中放棄沉重的負擔，才會擁有必勝的信念。放棄我們必須放棄的、應該放棄的，我們才可能更多的擁有。因為只有虛懷若谷，才可能呼風喚雨，吞雲吐霧；只有浩瀚如海，才可能不擇江河，千古風流。因此，在這個意義上說，學會放棄，甚至比擁有更重要。

大家知道，產品有生命週期，分投入期、成長期、成熟期、衰退期。當產品走入衰退期時，企業要做的是什麼呢？一相情願地等待市場轉機、拚命地去推銷它，還是及時分析市場，調整產品戰略，開發新產品？有時候，人們對當初為自己帶來過巨額收益的產品總會戀戀不捨，希望奇蹟能發生，期盼風光再現。然而，過去的好時光是不會重現的。

當年的福特車，那黑色寬大的T型福特車曾是多麼風光！它佔據了幾乎全部的美國市場，但在幾年的供不應求之後卻不可避免地走了下坡路。由於福特公司沒有及時更新換代，開發新產品，以至於將市場拱手讓給了通用的新車型；而通用也因同樣的錯誤將市場讓給了節能的日本小型車，這已成了管理中關於及時放棄的經典案例。

放棄絕不能成為我們困境中選擇逃避的藉口，絕不能成為事業上免除責任的托詞。魚和熊掌不能兼得時，我們要放棄；芝麻和西瓜沒有足夠的時間一起撿拾時，我們要放棄。在放棄中，我們依然要將風雨擔在肩頭，不讓正義從身邊溜走。放棄心中的塊壘，絕不是放棄我們爭勝的氣魄；放棄身上的冗物，絕不是放棄我們戰鬥的利刃。金錢、名譽、地位，絕不繫在腰間，國家、事業、未來，時刻放進心中。所以，學會放棄，只能成為我們避免失敗的勝算，絕不能變成懼怕失敗預設的退路。

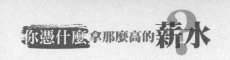

職場力

學會捨棄，就能讓我們的身心最大限度地屬於自己，屬於自己的生活、理想與追求，從而就不會被那些想阻礙自己實現人生目標的力量，所驅使、所異化、所阻礙、所拖累，甚至所毀滅。人，只有真正地瞭解了自身的局限，確立了奮鬥的目標，擯棄了使人心思雜亂的種種誘惑，以及那些看似可觀卻因小失大的利益，才能最大限度地聚集和整合起自己有限的能量，去攻克自己真正的目標，去實現自己人生的價值。

11. 偽裝自己，真戲懂得假作

聲東擊西的目的是為了掩蓋自己的進攻方向。

虛實是一種很複雜的變化，要想出奇制勝有一個大前提——學會善用虛實。孫子兵法在《軍爭》篇中說得很好：兵以作立、以利動、以分合為變者也。在分合的過程中，就會產生虛實的變化，因虛實的變化才能提升敵人，掌握戰場的主動權。在現代社會中的商戰中，在關鍵時刻偽裝自己，能使自己獲得先機，處於主動。

美國泛美航空公司在發展初期，需要大量用電，他們要求愛迪生電力公司按優惠價格供應。愛迪生公司卻認為是泛美有求於我，自己佔有主動地位，故意托詞不予合作，想藉機抬高供電價格。面對這種局面，泛美航空公司主動停止了談判，並放出風聲，揚言要自建發電廠，這樣比依靠電力公司供電方便又划算。電力公司誤以為真，改變了態度，並表示願按優惠的價格供電。

雙方都在鬥智，航空公司「聲東」示假要建電廠，「擊西」即隱真，終於變被動為主動，在競爭中佔了上風。

在競爭中，從什麼方向進攻，向什麼目標進攻，這些都很重要。如果對手早早瞭解並做了防備，你的進攻就不易取勝。反之，就容易多了。

要達到把對方注意力引開的目的，唯有製造假象蒙蔽對方。製造假象一定要像，達到假如真，真如假，以假亂真。這樣，戰術才算運用成功。

這就提醒我們，當面對對手的強勢時，不要選擇硬碰硬，這樣很可能讓自己受到很大的傷害，在這樣的時候，別忘了給自己戴上面具，給自己一個喘息的機會，在喘息的過程中找到對方的弱點，避實就虛，就能收到意想不到的效果。

在商務談判中，談判者常常運用虛實結合、巧佈迷陣的策略，放置各種煙幕彈，干擾對方的視線，將對方引入迷陣，從而掌握談判的主動權，改變對手的談判態度，取得談判的勝利。

已經六十出頭的魏德曼先生，在商業界仍然非常活躍。他打算從日本引入一套生產線，雙方在斯圖加特開始談判。在進行了八天的技術交流後，談判進入了實質性階段。日方代表發言：

「我們經銷的生產線，由日本最守信譽的三家公司生產，具備當今最先進的水準，全套設備的總報價是三百三十萬美元。」日方代表報完價後，漠然一笑，擺出了一副不容置疑的神氣。

「據我們掌握的情報，你們的設備性能與貴國某某會社提供的沒有任何差異，而我的朋友史璜先生從該會社購買的設備，比貴方開價便宜百分之五十。因此，我提請貴方重新出示價格。」魏德曼先生緩緩站起身，擲地有聲地說。

日方代表聽了魏德曼的發言，面面相覷，就這樣首次談判宣告結束了。

離開談判桌後，日方在一夜之間把各類設備的開價列了一個詳細的清單，第二天報出的總價急劇跌到二百三十萬美元。經過雙方激烈的爭論，總價又壓到了一百八十萬美元。至此，日方表示價格無法再壓。在隨後長達十天的談判中，雙方共計談判了三十次，由於雙方互不妥協，導致拉鋸戰沒有任何結果。

「是不是到了該簽約的時候了？」魏德曼先生苦苦思索著，回想整個談判過程，前一段時間基本上是日方漫天要價，自己就地還價，處於較被動的狀態，如果對方認為自己是抱著「過了這個村就沒有這個店」的心態與他們進行壓價談判，要想讓他們讓步則難如登天。

經過一番冥思苦想後，魏德曼先生計上心來，利用虛虛實實的手段假裝和另一家公司作了洽談聯繫。這一小小的動作立即被日商發現，總價當即降到一百七十萬美元。

單從報價來看，可以說這個價格相當不錯了，但魏德曼先生了解到當時正有幾家外商同時在斯圖加特競銷自己的生產線，魏德曼認為，如果自己把握住這個有利的時機，很可能會迫使對方作出進一步的讓價。

雙方在談判桌上的角逐呈現白熱化狀態。日方代表震怒了：

「魏德曼先生，我們幾次請示東京，並多次壓價，從三百三十萬美元降至一百七十萬美元，比原價降了快百分之五十，可以說做到了仁至義盡，而如今你還不簽字，你也太無誠意了吧？」說完後，氣呼呼地把文件夾甩在桌子上。

「先生，我想提醒你的是，你們的價格，還有先生的態度，都是我不能接受的！」魏德曼先生說完後，同樣氣呼呼地把文件夾甩在桌上。由於魏德曼故意沒有夾好文件夾裡的文件，經這麼一甩，文件夾裡西方某公司的設備資料撒了一桌子。

日方代表看到桌上的資料大吃一驚，急忙拉住魏德曼先生的手滿臉賠笑說：「魏德曼先生，我的權限只能到此為止，請容我請示之後，再商量商量。」「請你轉告貴會長，這樣的價格，我們不感興趣。」說完後，魏德曼轉身便走。

最後，日方經過再次請示，雙方以一百六十萬美元成交。

魏德曼在此次談判中獲得成功的奧祕，就在於他利用了虛虛實實的詭詐謀略，巧把日本人引入自己設置的迷宮，使日方代表慌了手腳，最終疑惑動搖，敗下陣來。

職場力

「實則虛之，虛則實之，虛則虛之，實則實之，虛虛實實，莫辨真偽」——這可能是對孫武虛實觀一個最恰當的註腳了。虛實原理的要害在於營造優勢，避實擊虛。使敵方之實因我方之避而變為虛，形同廢物；使我方之虛因敵方無備而變為實，反客為主。這樣的思想與關鍵時刻巧妙地偽裝自己的思想有著驚人的相似。只要在適當的時候，學會偽裝自己就能變被動為主動，獲得勝利。

12.適時反擊，維護自己尊嚴

做人雖然不能想著害人，但是也不能太過老實。這是因為老實人一般膽小怕事，安分守己，對人對事謹小慎微，從不會隨便得罪別人，即使別人得罪了自己，也不會記恨在心，更不會以牙還牙。對於別人的一點點恩惠，也牢記心中找機會給予報答。

老實人在團體裡，一定是被欺壓的好對象，最苦最累沒人肯幹的工作必定是這種人去幹，最有油水可撈的事，必定與這種人無緣。道理很簡單，上司要你做和不給你做，全是工作的需要，從不帶一點私人恩怨。這種人去到外面，遭遇也一樣。為什麼?因為社會上有的是壞人、惡人，以及不壞不惡卻專門欺負老實人的人，這些人的本性就是大事幹不了，但欺負老實人卻十分內行。因此，老實人被欺負，實在是順理成章的事。「馬善被人騎，人善被人欺」，自古如此，而且現在乃至將來恐怕也莫不如此。

一個人如果老是被別人欺負、刁難，往往是因為自己軟弱或辦事能力較差所致。相信你肯定也不願意別人騎在你的頭上，而且認為你不敢反抗毫無能力，因此，一定要改變這樣的狀況。

傑克是國家圖書館的職員，由於自己是鄉下應聘來的，所以他在工作中處處小心、事事謹慎。對每位同事都畢恭畢敬，偶爾與同事發生點小摩擦，他從不據理力爭，總是摸摸鼻子地走開。逐漸，大家都認為他太老實，太窩囊。於是，都不把他當回事，在許多事情上總是他吃虧。

想起兩年來同事們對他的態度，尤其在獎金分配上自己老是吃虧這些事，傑克覺得心裡很委屈。殘酷的現實使他不得不對自己的為人處世進行反省了。

他決定改變自己。

一次，同一組的一位同事擅離職守丟失了兩本書。這位同事嫁禍於傑克，說是他代自己值的班。主管在會上通報這件事情時，傑克馬上站了起來，說道：「主管，今天的事你可以調查，查一查值班表。今天根本就不是我的班，怎麼能說我不負責任。主管，有人是別有用心想讓我替他頂罪。在這裡，我順便告訴大家，我不是『軟柿子』。大家能在一起共事是有緣分，我實在是不想和同事們爭來爭去罷了。以後，誰要再像以前那樣對待我，對不起，我就不客氣了。」

從此以後，傑克發現同事們對他的態度有了明顯的轉變，他也抬頭挺胸起來，不想再扮演被人欺負的老實人角色了。

要改變被人欺負的現狀，必須要態度強硬起來，腰桿挺直起來，把自己變得像鋼、像鐵。與欺負你的人作抗爭，除此之外，還要提高你的辦事能力。這樣一來，原本欺負你的人就會有所收斂。

張逸在一家英國企業工作，有一次，他接了一份合約去處理一個小問題。在問題進展過程中，有一個英國的員工總是和他作對，總是說他英語不好。一次會議上，張逸安排完任務後他竟然公然說：「聽不懂！」（其實他是故意的）張逸問道：「還有人聽不懂嗎？」沒有人說聽不懂，於是張逸讓那傢伙留下來單獨談。

張逸跟他說：「別人都聽得懂，就你一個人聽不懂，那怎麼辦呢？我再給你重複一遍吧。」重複完再問他聽懂了沒有，他說「All right」。張逸再次嚴肅地說道：「我知道我的英語有口音，我也正在努力改進。希望你能理解、合作，盡快適應和習慣我的口音。」

那傢伙居然說：「Why？」張逸火了，說：「Why？就因為你在我手下工作！如果你不願意合作，那麼只有兩個可能：我走或者是你走！」

張逸最後說：「我是不會走的；除非你們公司撕毀合約，賠償我的損失，我就走。如果我走不了，只好請你走！我建議你最好自己打請調報告；不然等我打報告，你就更沒面子了。」

從那次談話以後，他再也沒有「聽不懂了」。不過張逸還是想辦法把他調走了，而讓一個韓國人頂替了他。

在我們的工作環境中，你也很有可能面臨這樣的問題，你真心待人，處處忍讓，但是別人卻認為你是可以欺負的，百般為難你。在這種情況下，你只有挺直腰桿，大膽站出來，才能改變不利局面。否則，等待你的還會是別人的欺辱。

在工作過程中，忍讓與妥協是應該的，但是當別人把你當成一個好欺負的人來對待時，你就不能再一味退讓了，那是一種軟弱的表現，一定要為自己的正當利益據理力爭，絕不能讓別人把你當成軟柿子。

職場力

總之，在跋涉的人生中，你所持的立場有時並不鮮明，無法維護自己的尊嚴，作出適當的反擊。正所謂人善被人欺，馬善被人騎。我們有時不應當太多地顧忌面子，如果能夠大膽地反戈一擊，對手也不得不退避三舍。你應該想一想，獅子白天總是懶洋洋地打盹，可是誰都清楚，它是動物世界的霸王。別的動物不但自己害怕它，還將恐懼的基因傳給了下一代。因此，適時反擊在人生的過程中是能夠起到非常關鍵的作用，能夠讓人們樹立信心，勇敢面對，能夠維護自己的合法正當權益、維護自己的尊嚴！

13. 處變不驚，才能化險為夷

一個人的應變能力反映了一個人的綜合素質，包括心理素質，知識層次等，性格也是影響一個人應變能力的關鍵因素。

一般說來，要想擁有出色的應變能力，要做到以下幾點：

首先，要保持冷靜。無論出現什麼情況，都要保持高度的冷靜，使自己不失態。例如在一次生意談判中，對方在談到價格時突然揭了你這一方的底，說你給某公司的價格很低，而給他們過高，這實在是太欺負人，等等。如果你不冷靜，情緒過分緊張或者激動，很可能應付不了這個局面。接下來或者承認事實（這就意味著在價格上讓步，信譽也受到損失，失去對方的信任），或者憤怒爭辯，拚命否認，很可能當時就不歡而散。但是你如果很冷靜，可能會很快找出理由，比如價格低並不保證退換維修，某一方面沒有運用新材料、新技術，或者在付款形式、供貨期限、質量保險等方面有不同。反正你總能找出合適的理由來挽救局面，使彼此都有繼續商談的機會和可能性。

其次，要保持自信。不管出現什麼情況，一定要保持強烈的自信，使自己處於主動地位。例如，在交際中，突然插入一個你不喜歡的人，你怎麼辦？一走了之還是失禮失態？這些都不是好方法。最好採取主動，伴以自信的微笑，以強者的姿態控制局面。

曾有一名國外官員在一場記者會上說：「中國人很喜歡低著頭走路，而我們美國人卻總是抬著頭走路。」此語一出，話驚四座。這時台上的官員不慌不忙，臉帶微笑地說：「這並不奇怪。因為我們中國人喜歡走上坡路，而你們美國人喜歡走下坡路。」

美國官員的話裡顯然包含著對中國人的極大侮辱。在場的中國工作人員都十分氣憤，但囿於外交場合難以強烈斥責對方的無禮。如果忍氣吞聲，聽任對方的羞辱，那麼國威何在？而官員的回答讓美國人領教了什麼叫做柔中帶剛，最終尷尬、窘迫的是美國人自己。

再次，適時圓場。在任何情況下，都應該能夠「打圓場」，淡化和消解矛盾，給自己和對方找台階，使氣氛由緊張變為輕鬆、由尷尬變為自然。在很多時候，替別人解圍比為自己掩飾更重要，一方面表示自己對對方的理解和尊重，另一方面也給自己留下了餘地。

比如，當你的上司當著大家的面指著你說：「這個傢伙曾經總是不聽話，不聽指揮。」

這時候，尷尬的你可以用幽默的方式來給自己圓場，也給上司台階：「曾經這個傢伙做錯了，也知錯了，現在這個傢伙，是緊緊跟隨您的旨意，忠於職守了。」這樣的幽默不會讓在場的人尷尬，也給自己圓了場，也讓上司知道了你的忠心。

最後，要學會轉移話題。學會巧妙地轉移話題和分散別人的注意力。一旦你說錯了話或者做錯了什麼事，除了迅速承認錯誤之外，還要學會巧妙地轉移話題，把別人的注意力吸引到其他方面。比如用幽默或玩笑的方式轉移目標，把關於人的事扯到某種物上面，把令人緊張的話題變成輕鬆的玩笑，等等。

聰明人往往知道在合適的時候來結束原來的話題，開始另一個可以緩解氣氛的新話題，這樣不僅避免了不必要的衝突，也能讓別人感受到你的應變能力，從而會給你一個定位，不會輕視你的存在。當然，這要進行一些必要的口才和應變能力訓練才能做到。

職場力

人的一生當中，難免不會因為自己的疏忽或者考慮不周陷入不利局面，如何在這類情況下化不利為有利，使事情向好的方向轉化，是每一個成功者必備的素質。

因此，要在自己的日常工作中有意識地培養自己的應變能力，最重要的是要靈活地面對突如其來的意外狀況，自己要有強大的知識儲備和良好的心理素質，在關鍵時刻才能真正發揮自己的應變能力。應變能力不是與生俱來的，需要在不斷地鍛鍊中累積經驗，善於抓住解決問題的關鍵，這樣才能在交際場上處於主動。

Chapter 3

讓別人永遠追隨你——
領導能力

在經濟社會高度發展的今天，
人們不僅要學會管住自己，而且更應該掌握領導能力，
這樣才能在時代中贏得制高點。

領導能力，就是領導做工作的本領。
在工作和生活中，誰也不願意自己的能力發生「恐慌」，
誰都希望自己的能力強，
可以面對各種複雜的問題。

14. 卓越領導，就要學威爾許

有些人可能身居領導職位，卻沒有獲得下屬的認同。

從理論上來說，領導力由強制性影響力（又稱權力性影響力）和自然性影響力（又稱非權力性影響力）組成。權力是構成一切正式組織的必要條件，一個組織的領導者如不擁有某些合法權利，就不能稱之為領導，也不能維持正式組織並發揮其作用。一名優秀的領導者懂得透過手中的權力影響部屬。自然性影響力與權力性影響力不同的是，它不是外界賦予的那種獎勵和懲罰別人的手段，而是來自於個人的自身因素，包括品格因素、能力因素、知識因素和感情因素。領導者的道德品質、文化知識、工作才能和交往藝術等等都在發揮作用。

所以，提高領導者影響力的主要途徑就是合理發揮強制性影響力和自然性影響力的作用，一個善於將兩種影響力綜合應用的領導者將會取得最佳的領導效果。

有些人也許並沒有身居要職，但是卻獲得了群眾或者下屬的信任，從而具備了領導力。歷史上大多數的農民起義的領袖，都具備這種深受眾人歡迎和崇敬的素質，這是他們取得領導力的關鍵。作為領導者要獲得領導力，除了必須具備一些領導者必備的素質，比如願意承擔責任、能夠正確處理與下屬的關係等，還要在關鍵時刻能夠帶領下屬走向成功。

傑克·威爾許——美國通用電氣公司董事長兼首席執行官——是全球眾多企業家心目中永遠的偶像，在他領導通用電氣的二十年裡，世界經濟經歷了諸多的風風雨雨，但威爾許卻穩穩地將通用電氣這樣一家以傳統產業為主的百年老店，改造成充滿生機與活力的現代企業之王。不久前，這個二十世紀最偉大的領導者作客哈佛商學院，與九百名畢業生暢談如何成為出色的大公司管理人。誰也不能否認，他的變革精神、領導才能、管理方法和競爭策略，必將對這些未來的商界精英產生深遠的影響。

一九八一年，當四十五歲的傑克·威爾許執掌美國通用電氣公司時，這家已經有一百一十七年歷史的公司機構臃腫，等級森嚴，對市場反應遲鈍，在全球競爭中正走下坡路。按照威爾許的理念，在全球競爭激烈的市場中，只有在市場上領先對手的企業，才能立於不敗之地。威爾許重整結構的衡量標準是：這個企業能否躋身於同行業的前兩名，即任何事業部門存在的條件是在市場上「數一數二」，否則就要被砍掉——整頓、關閉或出售。他首先著手改革內部管理體制，減少管理層級和冗員，將原來八個層級減到四個層級甚至三個層級，並撤換了部分高層管理人員。此後的幾年間，砍掉了百分之二十五的企業，削減了十多萬份工作，將三百五十個經營單位裁減合併成十三個主要的業務部門，賣掉了價值近一百億美元的資產，並新添置了一百八十億美元的資產，將二十九個工資級別改為五個粗線條的等級。威爾許因此得了「中子彈約翰」的綽號。

威爾許帶來的變化是巨大的，他將美國一家老式的大企業改變成具有很強競爭力、帶動全球發展的火車頭，將一家製造商變成服務商，又透過六百多次兼併打入國際市場從而改變了公司面貌。威爾許是如何成功地對美國企業界產生巨大影響力呢？

威爾許自有他獨特的方法，最為著名的莫過於「聚會」、「突然視察」、「隨手寫便條」了。威爾許懂得「突然」行動的價值。他每週都突然視察工廠和辦公室，匆匆安排與比他低好幾級的經理共進午餐，無數次向公司員工突然發出手寫的整潔醒目的便條。所有的這一切都讓人們感受到他的領導並對公眾的行為施加影響。威爾許十分重視企業領導者的表率作用，他總是不失時機地讓人感覺到他的存在。他對於直接報告的經理到臨時工或清潔工等幾乎所有的員工都會發出手寫的便條，而這些便條具有很大的影響力，因為這些便條給人以親切和自然感。威爾許的筆剛剛放下，他的便條便透過傳真機直接發給他的員工了。兩天之後，當事人就會收到他手寫的原件。他手寫的便條主要是為了鼓勵和鞭策員工，還經常是為了促使和要求部下做什麼事。

一九八九年年初，威爾許宣佈實施「群策群力」。這是一項發動全體員工動腦筋，想辦法，共同解決問題，以提高工作效率的活動。一名工會主席說：「我樂意接受這個方法，它使員工感到自己是公司的重要一員。」此舉有效地克服了管理層的官僚主義，給公司帶來明顯的效益。

與群策群力相呼應，威爾許還要求「最佳作業」。二十世紀中期，威爾許提倡內部的相互學習，並向公司外部的企業學習，他認為，最終的競爭優勢取決於一個企業的學習能力以及將其迅速轉化為行動的能力。在尋求最佳作業過程中也密切與其他企業的聯繫，共同分享成果。

威爾許這些措施的實施，使得美國通用電氣取得了迅速的發展，新產品以前所未有的速度推出，資產周轉率不斷提高。威爾許上任後，通用電氣的營業收入、稅後利潤、每股利潤等年年保持兩位數的增長。

威爾許與其他企業領導人不同的是，他對企業環境中的變化抱著歡迎的態度。他熱心於跟現實正面相對，根本不會轉身逃避。

一九九九年，威爾許開始接觸網路，並宣佈將整個通用電氣投入到這場「工業革命以來最大的產業革命」中去。他過去以手寫便條出名，而今也得意自己操作網路的熟練程度。他希望透過推廣電子商務，為這個一直處於領導地位的公司找到新的業務發展模式，而在此進程中，通用電氣所有在管理和運作上的優秀做法，如以客戶為中心、群策群力、無邊界行為、六個標準差（每百萬次謹慎操作中的錯誤率評量標準，適用於一切程序，製造過程錯誤次數愈少品質愈高。）等，都會發揮最大效能。

在威爾許的帶領下，來自通用電氣不同領域的六百多名高級管理人員，在幾個月的時間裡完成了電子商務的戰略計劃。他同時向股東們宣佈電子商務會為該公司的每一個角落注入活力和賦予新生命，從而永遠改變通用電氣的基因。傑克．威爾許不同意電子商務只屬於專業技術公司的觀點，同時也不希望網絡新貴或是成立不久的中間商擋在他和顧客之間。因而通用電氣發展了自己的網絡技術部門。通用電氣甚至已經開始向其他公司提供本項專業技術服務。在二〇〇〇年，透過網路進行的交易，為通用電氣增加了數十億美元的收入。

有一句話說得好：「得人之力者無敵於天下也；得人之智者無畏於聖人也。」領導的成功之處就在於借助別人的智謀和體力，所以他們能取得非凡的業績。

整天忙於小事的領導者不可能有出息。成功領導者的一個共同特點是，只考慮那些有重大影響的問題，絕不會將時間浪費在應該由下屬來做的工作上。

以下公式概括領導的精髓：領導＝決策＋授權。領導者不簡單的等同於一般的管理，領導屬戰略思維，領導思考應該是全面性的、綜合性的問題。領導的真正作用在於恰當處理組織的協調問題，發揮組織成員的潛能。為了提高組織全體成員的積極性和創造性，齊心協力的完成組織目標，領導者要善於決策，善於授權。

傑克．威爾許相信「每個人都有無限的潛力可以挖掘」，所以，在他任美國通用電氣公司總裁時，他敢於將許多重要事情委託給別人去做，而他的任務是尋找合適的經理人員來分擔某些工作。他說：「我主要的工作就是去發掘出一些很棒的想法，擴張它們，並且以光速般的速度將它們擴展到企業的每個角落。我堅信自己的工作是一手拿著水罐，一手帶著化學肥料，讓所有的事情變得枝繁葉茂。」

職場力

有些領導者認為，具體工作可以交給部下去幹，思考工作卻必須親為。但是，在一個訊息爆炸時代，僅靠老闆一個人承擔思考工作，是遠遠不夠的。必須把大家的智慧集結起來，方能在競爭中成為一股強勢力量。

總之，擁有優秀的領導能力，可以幫助你乘風破浪，可以為你起到推波助瀾的作用，實現你意想不到的成功。

15.以身作則，做到心服口服

職權只能使下屬服權而不服人，口服而心不服，產生的威信極其脆弱。

在一些描述戰爭的影片裡，我們經常會看到失利一方的領導者總是氣急敗壞地對士兵大喊大叫：「給我衝！」而獲勝一方的領導者的口號則是：「跟我衝！」「給我衝」和「跟我衝」雖然只有一字之差，產生的效果卻是天壤之別，從中也表現了雙方領導者不同的管理思想，失敗一方的領導者是高高在上的指揮者，獲勝一方的領導者則不僅是指揮者，也是率先表率的執行者。

「跟我衝」有著身先士卒、以身作則的表率作用。「喊破嗓子，不如做出樣子」。表率作用是一種巨大影響力，它透過領導者榜樣般的身教言傳，使廣大下屬自覺地產生敬佩與信賴，從而產生強大的凝聚力、向心力和感召力，進而形成巨大的戰鬥力。美國惠普公司的女總裁惠特曼每天半夜十二點睡覺，次日凌晨五點起床，工作十幾個小時，堅持了二十多年。她經常對下屬說的就是：「為了明天的繁榮，我們必須犧牲今天的享樂。」她的行動感化了整個惠普公司，每位員工都會自覺地為了集體利益而努力工作。

要提高商業效益，領導者必須為別人樹立榜樣。讓部下從剛開始工作，就養成敬業的好習慣。當日本《經濟時報》面臨危機的時候，為了重整旗鼓，作為新上任的老闆，正坊地隆美就採取了以身作則的做法，使公司重新充滿了生機。

當年終大掃除的時候，新老闆正坊地隆美看到地上扔著幾截短的鉛筆頭，於是，他把財務部長叫來，當著他的面把鉛筆頭撿了起來。正坊地隆美這種行為使得部下對於勤儉節約有了新的認識。大家都想著，連老闆都這麼節儉，自己今後一定要注意。正坊地隆美還語重心長地告訴大家：「如果不注意節儉小的浪費，那麼累積起來就會變成大的浪費，無論任何公司都經不起這樣的浪費。」

亞科卡在克萊斯勒公司最困難的日子裡，主動把自己的年薪由一百萬美元降到一千美元。這一千倍的差距，使亞科卡超乎尋常的奉獻精神在員工面前閃閃發光，很多員工因此感動得流淚，也都像亞科卡一樣，不計報酬，團結一致，自覺地為公司勤奮工作。不到半年，克萊斯勒公司就成為擁有億萬資產的跨國公司。

領導者無論職務多高、權力多大、資歷多深，都應該要求別人做到的自己要先做到，要求別人不做的自己堅決不做，這樣才能帶出一個團結、激情的團隊。

如果你想成為一個卓越的領導者和管理者，要想為公司的員工樹立榜樣，最基本的一點是要嚴以律己、帶頭執行。我相信，有不少人會認為執行不是一個領導者該做的事情，領導者的時間是要用來規劃高瞻遠矚的策略。但是有這種想法的人不妨認真反思一下：有誰比自己更瞭解企業的人員、營運及企業所面臨的內外在環境？唯有領導者所居的位置才能對以上問題有全盤性的瞭解。也只有企業領導者能對各個組織提出一針見血的高難度問題，促使各項計劃不浮誇，植於現實而執行，並於每個階段實現預定目標。領導者不僅僅是一個有著監督作用的警察角色，而且是一個教練加老師。就像是指揮一個新手開車一樣，教練要想將自己的經驗、智慧和要求傳達給學車的學員，就必須陪著新手上路，指導他如何加減擋，如何踩油門。在以執行力為文化的企業中，領導必須參與到具體的營運過程中。只有這樣，才能對企業現狀、項目執行、員工狀態和生存環境進行全面綜合的瞭解，才能找到執行各具體情況與預期之間的差距，並進一步對各個方面進行正確而深入的引導。

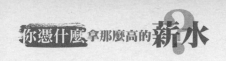

如果你想成為一個卓越的領導者和管理者，還要敢於擔責，敢於承擔責任，關鍵時刻表現出自己的價值，是管理者在管理到位中的作用表現。當自己分管的部門出現問題時，管理者不是推卸、指責和埋怨，而是主動承擔責任，從自身的管理中去尋找原因，這自然會給員工一種積極的力量。關鍵時刻有力量，是指在工作需要的時候，管理者能走在員工的前面，有主見，妥善地解決問題，這即說明管理者的能力。史蒂文·布朗認為：「管理者如果想發揮管理效能，各個就得勇於承擔責任。」杜魯門任美國總統後，便在自己的辦公室掛了一條醒目的條幅：「瞎扯就到此為止。」每一位管理者都應該傚法杜魯門總統的格言。

最後一個關鍵點，領導者要做到賞罰分明，沒有偏私。正如你要求你的上司賞罰分明，你的下屬同樣要求你不要偏私自任。在這方面大多數美國的 IT 公司就是非常好的例子：這些公司非常強調賞罰分明，只要有能力、業績優良，在確保基本年限的情況下，就可以破格升職。如果業績不好，也會有相應的降職處理。這些制度的建立和實施一方面能大大提高員工的積極性，另一方面也為領導者在員工中樹立了良好的形象。

職場力

正人先正己，做事先做人。榜樣的力量是無窮的，企業家帶兵就必須身先士卒、以身作則。特別是一個公司在處於困境的時候，領導者自己一定要挺住，下屬才能挺住，只有這樣，公司才能走出困境。越是這個時候，領導者越是要衝鋒陷陣在前，身先士卒，做好榜樣，帶給下屬自信與保障。如果領導者自己就都先亂了陣腳，手足無措，員工能不打退堂鼓嗎？

「跟我衝！」領導者應該隨時將這句話說出來，並保證能夠做得到。

16. 把握心理，懂得給予激勵

雖然金錢可以起到一定的激勵作用，但是，這絕不是優秀管理者所採用的方式。

頻繁使用金錢的激勵，會增加管理成本，同時，也不容易塑造崇高且具有凝聚力的企業文化。因此，對於管理者的挑戰就是，如何用非金錢的手段來激勵員工，讓他們自動自發的工作？其實，心理學家對於這個問題有很多種解答，我們來看一下他們的解決之道：

目標激勵

「目標激勵」或者稱之為「願景激勵」，就是領導者為激勵對象描繪出一個美好的遠景，使得後者為之所嚮往、心動，繼而激勵他們迎難而上，堅定不移地為之努力奮鬥。在目標激勵中，領導者一定要讓激勵對象樹立其相應的信念，透過那些「先相信而後再看到」的遠景來帶領他們前進。

但是，我們要特別注意，這個目標最好是由領導者和下屬一起塑造出來的，只有這樣他們才覺得是自己的目標，才會發揮最大的努力。

在二次大戰時期，巴頓將軍在帶領其部隊在歐洲作戰的時候，曾經發表了如下一段動員報告：「我們已經迫不及待了，早一日收拾掉萬惡的德國鬼子，我們就能早一日去收拾那些日本的老巢。我們如果不抓緊時間，功勞就會全讓那些狗娘養的海軍陸戰隊奪去了。是的，我們想早日回家，我們想讓這場戰爭盡快地結束。最快的辦法就是幹掉那些燃起這個戰火的狗雜種們。我們早一日把他們消滅，我們就可以早日回家，我們回家的捷徑就是要通過柏林和東京，把他們全部消滅了，我們才能回家。弟兄們，凱旋回家以後，今天在座的弟兄們都會獲得一種值得誇耀的資格。二十年以後，你們會很慶幸你們參加了這一次世界大戰。那個時候你們坐在壁爐邊，你們的孫子坐在你們的膝蓋上，你們的孫子問你一個問題，他說，爺爺在二次世界大戰的時候在幹什麼呀？你們就不用很尷尬地咳嗽一聲，啊，很不好意思吞吞吐吐地說，你爺爺我當時正在路易斯安納鏟糞呢。弟兄們，你們可以很驕傲地盯著你們孫子的眼睛，跟他講，孫子，你爺爺我當年正在跟第三集團軍的巴頓在一起並肩作戰的。」

儘管措辭有些粗俗，但巴頓將軍的這段演講卻為他的士兵描繪了一個美好的人生願景。正是在這種願景的激勵下，巴頓將軍和他的戰士們才擁有了戰鬥的勇氣和奔向勝利的決心。

目標管理的目的，在於讓員工從心中勾畫出一幅美麗的願景，從而充分地激勵員工，讓員工發揮才能。

情感激勵

近幾年，「感情留人」的方式似乎常常聽說。對於人才來講，他們具有強烈的求知慾、自信心、自尊心和榮譽感，其高層次精神需求尤為突出。因此，對於人才，管理者不能把他們視為「經濟人」，僅僅滿足其生存和物質的需要，而要在管理中貫穿尊重、信任、溝通、關心、讚美等情感激勵手段，尊重他們的人格，給予他們公正評價，滿足他們自我實現的多方面的需求，從而在企業營造出人性化的、以人為本的環境與氛圍。情感激勵是激勵人才最好的又是最廉價的方式。尊重、信任、溝通、讚美、關心是情感激勵的主要方式。

情感激勵就是以情動人、以情感人，以此來獲得下屬的信任和追隨。而情感激勵最典型的做法是堅持用仁愛的原則來對待下屬。

在建廠之初，松下發現很多員工會不時地擅離職守並且在其他方面表現出來的紀律性也非常不好。為了應對這種情況，松下提出召開全體會議。在會議開始之後，松下站上台，只說了句「今天我們有一個非常重要的事情要宣佈」，而後就離開了。經過了很長時間，直到員工們都開始議論紛紛之後，松下才重新回來站到主席台上，說：「各位同仁，如果我離開這麼一會兒，你們都受不了的話，在工作崗位上你們如果擅離職守，公司能不能受得了？今天我們就講這個事情，大家回去好好考慮一下，散會。」

如果只是強硬地制定規章制度，相信員工還是有辦法來迴避的，松下正是用這種「引而不發」的方式，留給了員工自己思考和予以改正的空間。

競爭激勵

「競爭激勵」，是指在組織或企業內部設計形式多樣的競爭機制，來促使員工在良性競爭的環境中自覺成長和提高。

本田汽車公司的總裁本田宗一郎曾面臨這樣一個問題：公司裡東遊西蕩、人浮於事的員工太多，嚴重拖著企業的後腿；可是又不能把他們全部開除。這讓他左右為難，大傷腦筋。

忽然有一天，本田宗一郎豁然開朗：如果能從外部引來一個具有競爭力的人，加入公司的員工隊伍，以製造一種緊張氣氛，這樣就可以激勵員工的活力。想到這裡，他馬上著手進行人事方面的改革。

經周密的計劃和努力，本田終於把松和公司的銷售部副經理，年僅三十五歲的武太郎挖了過來。上任一段時間後，武太郎憑著自己豐富的市場營銷經驗和過人的學識，以及驚人的毅力和工作熱情，受到了銷售部全體員工的好評，員工們的競爭心理被激發出來，工作熱情被大大地提升了起來，活力大為增強，公司的銷售狀況也出現了轉機。

這一步有了效果，本田公司就繼續延續這一有效的辦法，每年都特別從外部「挖角」一些精明幹練、思維敏捷三十歲左右的生力軍，有時甚至聘請常務董事一級的大人物，這樣一來，公司上下的員工都有了觸電式的感覺，紛紛提升熱情投入到工作中去，公司的業績蒸蒸日上。

當競爭存在時，為了更好地生存發展下去，承受壓力的人必然會比其他人更用功，而越用功，跑得就越快。適當的競爭猶如催化劑，可以最大限度地激發人們體內的潛力。一個公司如果人員長期固定不變，就會缺乏新鮮感和活力，容易養成惰性，缺乏競爭力。只有外有壓力，內有競爭氣氛，員工才會有緊迫感，才能激發進取心，企業才有活力。

上面三種激勵方法，在具體選擇和使用上，要根據企業中存在的問題和實際情況。使用得當的話，往往會起到意想不到的效果，能夠大幅提升員工的工作能力和工作激情。

17.平等對話，塑造企業文化

由於溝通渠道不暢通，人才們所反映的問題或提出的建議只有百分之四左右能夠到達公司決策階層。

領導者的領導影響力的產生，不再被解釋為領導者個人特質的當然結果。而是被解釋為領導者與追隨者們的相互作用、相互吸引。是領導者和下屬共同構成的系統所具有的系統功能。也就是說，領導影響力不再簡單地說成是「來源於職務權利和個人權力」這兩種領導者所具有的特質。而是來源於領導者與下屬之間的特殊關係。

良好的工作生活環境和溝通環境也是吸引下屬和員工的重要條件。越來越多的企業認識到這個問題，不斷地改善企業的工作生活環境。工作生活環境一般包括企業文化、工作自然環境和溝通環境三個方面。

企業文化對於吸引人才和提高凝聚力是很重要的。企業文化對於人才來說是一種精神薪酬。例如，為什麼很多電腦軟體專業的畢業生都希望到IBM工作呢？除了優厚的薪水外，還因為那裡有先進的管理經驗、技術、思想觀念和深厚的文化底蘊，身在其中，自然受益匪淺。人才總有成長的需要，良好的企業文化是一種培育人才的文化，促使人才升值的文化。

一個良好的企業品牌或企業形象，會給人才帶來許多益處。比如，一個人在香奈兒做設計工作，他就會對工作很有自豪感，很有自信心，服裝界對他就會另眼相看。他的日常生活就會保持在一種相對寬鬆的良好情緒狀態中。而且，當他走向另一家服裝企業時，在香奈兒的工作經歷就會成為他加薪晉職及處理人際關係的重要籌碼。公司的形象對他的影響是持久的。

為了給人才創造更好的條件，管理者必須給他們創造暢通的訊息環境。沒有良好的獲取訊息的途徑，就會永遠落後於時代。像IBM、微軟這樣的公司，都因其強有力的公司文化而茁壯成長，並吸納了大批優秀人才。企業文化的建立，需要長年累月地不斷累積，其中最重要的就是企業的自然環境。微軟公司讓每一個軟體工程師都有一個獨立的辦公室，而且保證每間辦公室都能憑窗眺望，滿目青翠。園區有良好的公共設施，有公共汽車、百貨公司、餐廳、酒吧等設施。園區充滿了民主與平等的氣氛，員工可以隨便著裝，不必西裝革履；可以無拘無束地到處穿行；可以用電子郵件直接與比爾·蓋茲聯繫與交流。微軟園區裡表面寧靜、祥和的氣氛與員工日復一日、年復一年緊張忙碌的工作形成了強烈的對照。微軟的員工從理論上講是執行靈活的上下班時間，也規定了八小時工作制，但是，微軟的員工經常是早來晚走，有些開發人員就更沒有規律了，有的早上四點鐘就來上班，到了深夜還在加班。每到了夜晚，微軟的各幢大樓依舊燈光通明，天天都是不眠之夜。公司雖然允許一部分員工在家裡上班，甚至由公司提供電腦，但員工更習慣於在一幢幢辦公樓裡工作，這裡的氣氛更令人振奮。所以，微軟能成為技術上的巨人還是有它的道理存在。

另外溝通環境對於留住人才是最至關重要的。企業能否創造良好的溝通環境，關係到能否充分發揮人才的工作積極性和創造力。為防止人才流失，最好的辦法就是及時溝通，採納好的建議，興利除弊，創造良好的溝通環境。這不但能夠使企業發展良好，還可以發掘有潛力的人才，保證人才的後備力量。要做到有良好的溝通環境必須與人才平等對話，最重要的是相互處於平等的角度來工作，所有的勞動者都是光榮的。尊重是從人才本身開始的，雖然人們一直在說「勞動者沒有高低貴賤之分」，但等級觀念切切實實存在於人們思想之中。

管理者最忌諱的是缺乏人人平等的思想，而採取一種大官壓小官、小官壓百姓的霸權做法。如果缺乏平等對話的氛圍，在這些企業中工作氣氛就像一潭死水，僅僅是一種上傳下達的做法。好的建議也只會在肚子裡。人才得不到重用，管理者應該感到臉上無光，這樣的企業當然沒有前途可言了。

工作中確實存在著等級差別，而且上級也許就掌握著下級的飯碗。因此，實現平等對話也存在一定的難度。平等對話可以使人才不壓抑自身的想法，始終在舒暢的心情下工作。這能增強人才的自信心，當然也無形中增強了他們的責任感。

建立通暢的內部管理通道，對任何一家企業來講都是非常重要的。在溝通中，瞭解彼此所需，談談個人的想法和建議、公司對個人的評價，以及個人未來的發展等。上級與下級或部門與員工之間的對話是建立在平等、尊重的基礎上的。特別是一個企業的人事部門，它所擔負的不僅僅是招人，提升人，更重要的是與員工保持經常的聯繫，瞭解想法、理順溝通，進而使員工覺得自己受到了尊重。

職場力

薪資待遇當然非常重要，但是，作為管理者更要去關心員工的思想。有些人免不了會提出一些不盡合理的要求，這時就必須婉轉地告訴他們已經知道了，然後帶著這些建議與其他管理人員一起討論其可行性。如果確實行不通的話，就把原因實實在在地告訴他們。不當的掩飾或欺騙可能會造成人才流失的後果。

18.修煉內功，領導力的泉源

在新的歷史時期，新環境、新問題層出不窮，身居領導職位的每一位領導幹部，誰也不願意自己的能力發生「恐慌」，誰都面臨不斷提高領導能力的問題。

領導現象是伴隨著人類的誕生而同時出現的。對如何提高領導水平和領導能力的探尋和研究，始終是一個重要的課題。隨著領導科學理論研究的不斷深入和領導實踐的不斷發展，領導學界對領導現象及其規律的研究視閾也不斷從體制層面走向觀念層面，從技術層面走向文化層面。領導文化是文化一般在領導領域的特殊表現。文化的本質所表現出的一般性觀念意識在領導活動中的具體展現形成的領導文化，屬於精神文化的範疇，它大體由領導態度作風、領導行為方式、領導思維方式和領導價值觀念等內容構成。較全面地概括領導文化的基本特徵：傳承性；多樣性；時代性；政治性。對領導文化在社會發展中所起的凝聚作用、規範作用、導向作用、示範作用和調適作用作一較全面的闡述。這些都為建構領導文化的重要性提供了真實、堅實的基礎。

領導能力，簡而言之就是指領導者做工作的本領。領導能力來源於什麼？來源於人的綜合素質，即領導人所具備的政治、經濟、科學、管理、專業、作風、身體等方面的內涵水準。而文化則是綜合素質的基礎。文化富足，綜合素質就有堅實的支撐；文化貧乏，就無以構成全面健康的綜合素質。生活中，有人面對世間萬象迷惑不解，失去方向；有人面對人生困境，精神不振；有人面對誘惑意志不堅，腐化墮落，這一切主要源於文化背囊裡空空蕩蕩，精神世界裡缺乏一個富足而清純的文化家園。如果擁有這樣的家園，領導者就不會出現「空虛」、「浮躁」、「惡搞胡來」等病症，就會「內心充實」、「心態平和」、「樂觀豁達」，就會多姿多采努力地工作和拼事業。因此，加強文化滋養是不斷提高領導能力的需要，是身為領導者不能迴避的重大人生課題。

其實，每個領導者都知曉能力的重要性，都有提高自身能力的願望，只不過有人還沒有把握能力的內涵，不知能力為何物、從何而來，而優秀的領導者卻能自覺尋找到一條加強自身文化滋養的途徑：

多讀書

讀書，能使領導者睜開雙眼，樹立遠大理想；讀書，能使領導者不斷加深自我信念，更加堅定為事業奮鬥的決心；讀書，能使領導者不斷豐富生活，更加快樂地對待人生；讀書，能使領導者不斷提高綜合素質，更有水準地在事業上大展身手。諸葛亮就是讀破萬卷書，才有了精通天文地理、治國安邦的雄才大略。可以說，讀書是領導者吸收文化養分、打好文化基礎、提高能力的一個重要途徑。

善思考

思考，是打開能力之門的金鑰匙；思考，是源源不斷供給能力的傳送帶；思考，是一座掘之不盡的能力寶庫。人類社會一切偉大的成果，都是經過反覆思考、探索、實踐而完成的。古今中外凡是有能力創造重大成果的人，都是善於思考者。愛因斯坦相對論的建立，經過了「十年思考」，黑格爾在著書立說之前，長思苦研，緘默六年；牛頓從蘋果落地發現萬有引力，他說：「我的成功歸功於精心的思索。」如果領導者養成良好的思考習慣，勤於思、善於思、深入思，就能提高能力，更加有條理、有深度、有力度地學習和工作。

勤踐行

踐行，可以創造財富；踐行，可以提高學習質量；踐行，可以檢驗能力的高低；踐行，也是獲取能力的重要渠道。只有思路，而不「走路」，工作必然「斷路」。

職場力

總而言之，提高領導能力，要有「功夫在詩外」的自覺性，即在文化培養的過程中，使自己的綜合素質強根固本、全面提升，實實在在練就一套適應新形勢創業幹事的真本領，為員工做更多的實事好事，謀取更多的福利。讓自己與公司員工都能有目標一致的感覺，這種感覺所創造出來的工作效率將是前所未有的。

19.指導下屬，提高團隊凝聚

要想建立一個團結的團隊，僅僅靠員工制度和員工個人的努力是不夠的。

儘管我們可以把一個公司或者公司裡的一個部門看做是一個團隊，但實際上並不是每一個公司或者部門都能表現出團隊的優勢，很多團隊在與其他團隊的競爭中敗下陣來。他們的問題並不在於他們建立了團隊，而在於他們的團隊不是一個團結的團隊，或者是說他們的團隊跟本沒有團隊精神。

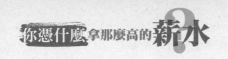

如果企業是船，員工是船員的話，那麼，團隊精神則是駛向目的地的動力燃料。在一定程度上，管理者恰恰是點燃燃料的那根火柴。令人遺憾的是，並不是所有的領導者都意識到了這一點。大多數的組織團隊裡像一盤散沙，他們的船走不動，責任歸咎於管理者薄弱的能力。

托斯里是一家公司的經理，在一次招聘中，他聘用了一位市場主管麥克，麥克對公司產品市場的理解、趨勢走向、推廣手段等非常有見解，對市場方案的撰寫也表現出相當的經驗。這令托斯里非常滿意。在以後的工作中，麥克也確實表現出了相當的才能。

但是，不久托斯里收到了一位員工反映的意見，這位員工對麥克在工作中表現出來的傲慢表示了不滿。基於對麥克才幹的賞識，托斯里沒有深入瞭解，認為這是員工的一種嫉妒表現。

很快托斯里又收到一封員工的來信，反映同樣的意見。托斯里回了信，表示要調查一下，但是還是認為這位員工應該看到麥克好的一面，不要太過計較個人性格。

就在托斯里認為事情已經結束時，又收到了麥克的抱怨，他認為自己市場部的經理不再像以前那樣支持自己的工作了。這使托斯里瞭解到了問題的嚴重性。於是他找來了市場部的經理，向他瞭解情況。

結果市場部的經理表達了和其他員工相同的看法：「他現在哪還把我這個經

理放在眼裡?因為我的一個決策失誤,他就和其他部門的員工說,我做市場部經理不行。而且,現在他經常越過我,直接指揮市場部的員工做這做那。他的脾氣也非常急躁,在部門會議上頂撞我已經不是一次兩次了。」

托斯里馬上找到了麥克。但是麥克根本不承認自己的缺點,堅持認為這是別人對自己的妒忌。在受到托斯里的批評後,麥克沒有任何悔改的意思,直接提出了辭職。就這樣托斯里的公司失去了一個很有才能的員工。其他的員工也士氣低落。公司也陷入了低迷之中。

像托斯里這樣的管理者絕不是少數。他們對團隊的想法過於簡單。總是認為只要為團隊成員設立了共同的目標,大家就會自然地為了實現這個目標而共同努力。殊不知團隊成員既有共同的目標,也有各自的差異。每個團隊成員都會有些這樣或那樣的缺點。

如果團隊領導者不及時發現問題,並且有效地解決這問題,這些缺點勢必會成為實現團隊目標的障礙。一個卓越的領袖,絕不應當滿足於充當監工的角色,而是應當積極地參與到團隊的建設中，想方法將團隊成員的積極性充分提升起來，使得大家團結一致、齊心協力。

克勞德大學畢業後進入一家廣告設計公司工作。他發現這裡的人個個特色鮮明，舉手投足都帶著自信的神色。公司裡形成了一種良好的團隊氛圍，大家相互之間經常打趣閒聊，在一起討論的一些話題有時甚至涉及私人領域。在一項工作任務下達後，團隊中的每一位成員都不遺餘力。如果工作內容龐大而複雜需要求大家一起做，大家便一鼓作氣。誰也不先提出休息，做完後大家便一起去放鬆並慶祝工作的成功。

有時工作要求幾個人分幾個不同的順序來做，但整個工作又必須在短時間內完成。令克勞德驚訝的是，每個人儘管拚命工作，任務完成後大家都不休息，而是盡力張羅著幫助進行下一道程序的人，或者幫忙翻看廣告雜誌，或者去查所需要的資料。

有時候同事會自掏腰包買來飲料與零食，在工作室裡共同慶祝一道程序的完成，算是緊張過後的片刻鬆弛。這種愉快工作、相互照應的氛圍感染了克勞德，他決定留下來，融入這個團隊。

在這樣一個團隊裡，團隊精神已經充分融入到每一個員工的內心裡，能夠將員工培養成為這麼具有團隊精神的員工，團隊的領導者肯定是下了一番工夫。

職場力

想點燃一個團隊嗎？試試下面的策略。

首先，在團隊中營造良好的工作氛圍。良好的工作環境不僅能讓人安心工作，也會使員工的能力得到充分發揮，如果在工作中人們總是充滿歡樂，那麼即使工作本身枯燥乏味，人們也會努力完成。

其次，主動地去關愛員工。對團隊成員的關愛，即以自己的心去置換他人的心，並不一定是憐憫與同情，而是寬容他人所做的。多一些感恩，多一些幫助，你的關愛之心將使你的團隊受益匪淺。同時，你也將從團隊中獲得意外的回報。

第三，做好員工的「潤滑劑」。在工作中，員工之間或多或少會有一些摩擦和衝突。身為領導者的你一定要及時發現這些問題，透過溝通，有效地化解這些矛盾和摩擦，不要讓它們成為工作中的定時炸彈。

Chapter 4

善於傾聽與對話——

溝通能力

所謂溝通就是同步。每個人都有他獨特的地方，
而人際則要求他與別人一致。
如果他們交流訊息，相互協作，
便可能因為互相「感應」而產生思想「共振」，
使兩個思想重新組合而發揮出高於原來很多倍的效力來，
有如5×5=25。

20. 成敗與否，關鍵在於溝通

溝通是一種能力，不是一種本能。本能天生就會，能力是需要學習才會具備的。

其實我們中有許多人有這種體會，我們在求職的時候，主考官對我們的印象常是決定錄取與否的關鍵。而且職位越高，像應徵經理、總經理的時候，印象更重，而我們的溝通能力就是這印象中最重要的部分。溝通順利與否也關係到成敗的問題。

不要以為單靠熟練的技能和辛勤的工作就能在職場上出人頭地。懂得在關鍵時刻說適當的話，往往是成功與否的決定性因素。卓越的說話技巧，可以讓你得到重要人物的關注、遠離麻煩。良好的溝通能力若能在你人生的關鍵時刻派上用場，你一定會收到事半功倍的效果，讓你的事業一帆風順。

所謂溝通能力，其實就是你和外界之間的訊息交流能力。你如何從別人那裡正確理解他們想要傳達的訊息，以及你如何讓別人正確理解你想要表達的意思。

事實上，溝通能力包括聽說讀寫的能力。日常生活中，聽和說是我們比較注意的，但是閱讀和寫作也是溝通能力的一部分。

也許有人會說，和別人溝通不就是說話嗎，這是我天天在做的事情。但你有沒有想過說話的效果如何？善於說話，能清楚地表達自己的意圖，使別人樂意接受，是一件不太容易的事情。

而溝通是一個雙向交流的過程，你在表達自己的同時，也要抓住對方傳達的訊息，這才是有效的溝通。學會聆聽別人，也是你需要學習的溝通能力。

閱讀雖然被人認為是一種基本能力，但是很多人卻覺得是件苦事。如果你能接受速讀訓練，那麼在閱讀速度增加而又不失去理解時，必能獲益匪淺，有的人他們拿起報告後先掃瞄，這樣一種人非常受人欣賞，他們會迅速瀏覽全部內容，再回頭去看重要部分，然後就可以決定採取何種行動——這一切都在幾分鐘內完成。如果你不能做到這樣，而是逐字詳讀，自然要佔用相當多的工作時間，與外界訊息的溝通效率自然大打折扣。

寫作則是另一回事。很多人都缺乏這種能力。如果主管要你寫一份書面報告，你能夠清晰明確地把問題表達清楚嗎？你要知道，很多問題最後要落實到書面上的，「寫」和「說」一樣，都是你向外界傳遞訊息的手段。要讓別人正確瞭解自己認識自己，你同樣要注意寫作能力，準確使用文字溝通。

作為一名員工，專業知識是你進入企業和行業的通行證，然而，以後的工作表現更多取決於一些軟性技能——溝通能力、團隊合作精神，等等。

表面上來看，溝通能力似乎就是一種能說善道的能力，實際上它包羅了從穿衣打扮到言談舉止等一切行為的能力，一個具有良好溝通能力的人，他可以將自己所擁有的專業知識及專業能力進行充分的發揮，並能給對方留下「我最棒」、「我能行」的深刻印象。

心理學家理查德·班得勒說過，當你對一個人說話時，你不是想給他傳達訊息，就是想改變他。但對方是否會接受你的意思，換句話說，你溝通的目的是否能夠實現，卻是另外一回事了。有人不重視這個問題，認為把自己意思說清楚，溝通的任務就算完成了。其實溝通是雙向的交流，它的成敗不在取決於你說了什麼，而是取決於對方的反應。對方不接受你，那你說得再多，也沒有任何意義。我們溝通得很好，並非決定於我們對情況說得很好，而取決於我們被瞭解得有多好。

溝通不僅僅是你說了什麼。溝通是雙向的，是兩個人之間的交流。你不僅要有良好的表達能力，首先更要是一名好的聽眾。如果你讓對方感覺到你心不在焉，那麼你表現得再好恐怕也無濟於事。不能很好地傾聽對方的話語，就是對對方的不尊重。在表達自己的意圖時，你想要達到的目的是使自己被人充分理解。如果溝通時的言語、動作等訊息不充分，就不能明確地表達自己的意思；但如果訊息過多，出現冗餘，也會引起訊息接受方的不舒服。所以，最佳的溝通方式是，你站在對方的角度思考他的所需所想，給他充分但又不冗餘的訊息。

職場力

溝通能力並非天生。溝通能力和性格有一定的關係，但可以透過後天的訓練得到改善，這是一項每個人都需要，也都可以獲得的能力。

21. 善於傾聽，不要唱獨角戲

自己有興趣的事情，別人真的也是像我們一樣有興趣嗎？

在與人交談中，許多人總將自己放在主要位置，自始至終一人唱獨角戲，喋喋不休地推銷自己，滔滔不絕地訴說自己的故事。記得有個名人說過，漫無邊際地喋喋不休無疑是在打自己付費的長途電話。這樣不但不能表現自己的交談口才，反而令人生厭。

我的一位朋友小明曾經遇到這樣一位愛表現口才的人——某公關公司女性總經理。這次小明與她洽談業務。這個女總經理長得蠻漂亮，業務做得尚可。可是當她話匣子一打開，就滔滔不絕，如黃河決堤，一發不可收拾。小明亦是業務口才高手，但想插幾句話，卻始終苦無機會。這位女總經理興致高昂地敘述她兩岸的公關事業如何蓬勃，小明則兩手在餐桌上玩弄著吸管，心中覺得十分無趣。

三十分鐘過後，小明終於鼓起勇氣對這個女總經理說：「對不起，待會兒我還有事，我先走了！」

這位女公關總經理過多的「單口相聲」沒能達到溝通思想和增進感情的效果，相反，她卻自嚐了唱獨角戲的苦果。

她完全沒有顧及到聽者的反應。其實，現實生活中人人皆對自己的經歷和所做的事情懷有莫大的興趣，人們最高興的也莫過於對他人談論這些事情。但過分地談論這些，往往會使聽者失去興趣。我們身邊有許多這樣的人：有的人做了一個十分有趣的夢，覺得親臨其境，其樂無窮，結果逢人便說，不厭其煩。

還有的人則喜歡重複說著自己的經歷，如上中學時怎樣，上大學時怎樣，剛開始工作時怎樣，後來又怎樣如此等等。但是我們若仔細想一想，自己有興趣的事情，別人也是像我們一樣有興趣嗎？

那些斷續破碎、稀奇古怪的夢境，往往除了做夢者本人，別人聽來非常枯燥的，如果聽者對說話者提到的那些往事、那些人、那些地點，一點都不熟悉，一點也不覺得有趣，無疑他也不會與說話者產生共鳴。

每個人都希望獲得別人的尊重，受到別人的重視。當我們專心致志地聽對方講，努力地聽，甚至是全神貫注地聽時，對方一定會有一種被尊重和重視的感覺，雙方之間的距離必然會拉近。

經朋友介紹，重型機車推銷員喬邁去拜訪一位曾經買過他們公司機車的商人。見面時，喬邁照例先遞上自己的名片：「您好，我是重型機車公司的推銷員，我叫……」

才說了不到幾個字，該顧客就以十分嚴厲的口氣打斷了喬邁的話，並開始抱怨當初買車時的種種不快，例如服務態度不好、報價不實、配備不對、交接車的時間等待得過久……

顧客在喋喋不休地數落著喬邁的公司及當初提供機車的推銷員，喬邁只好靜靜地站在一旁，認真地聽著，一句話也不敢說。

終於，那位顧客把以前所有的怨氣都一股腦地吐光了。當他稍微喘息了一下時，方才發現，眼前的這個推銷員好像很陌生。於是，他便有點不好意思地對喬邁說：「小伙子，你貴姓呀，現在有沒有一些好一點的車種，拿一份目錄來給我看看，給我介紹介紹吧。」

當喬邁離開時，已經興奮得幾乎想跳起來，因為他的手上拿著兩台重型機車的訂單。

從喬邁拿出產品目錄到那位顧客決定購買，整個過程中，喬邁說的話加起來都不超過十句。而這場交易拍板的關鍵，是由那位顧客自己說了出來，他說：「我是看到你非常實在、有誠意又很尊重我，所以我才向你買車的。」

因此，在適當的時候，讓我們的嘴巴休息一下吧，多聽聽顧客的話。當我們滿足了對方被尊重的感覺時，我們也會因此而獲益的。

眾所周知，汽車推銷員喬·吉拉德被世人稱為「世界上最偉大的推銷員」。他曾說過：「世界上有兩種力量非常偉大，其一是傾聽，其二是微笑。傾聽，你傾聽對方越久，對方就越願意接近你。據我觀察，有些推銷員喋喋不休，因此，他們的業績總是平平。上帝為什麼給了我們兩個耳朵一張嘴呢？我想，就是要讓我們多聽少說吧！」

喬·吉拉德對這一點感觸頗深，因為他從自己的顧客那裡學到了這個道理，而且是從教訓中得來的。

喬·吉拉德花了近一個小時才讓他的顧客下定決心買車，然後，他所要做的僅僅是讓顧客走進自己的辦公室，然後把合約簽好。

當他們向喬·吉拉德的辦公室走去時，那位顧客開始向喬提起了他的兒子。

「喬。」顧客十分自豪地說，「我兒子考進了普林斯頓大學，我兒子要當醫生了。」

「那真是太棒了。」喬回答。

兩人繼續向前走時，喬卻看著其他顧客。

「喬，我的孩子很聰明吧，當他還是嬰兒的時候，我就發現他非常的聰明了。」

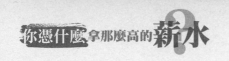

「成績肯定很不錯吧？」喬應付著，眼睛在四處看著。

「是的，在他們班，他是最棒的。」

「那他高中畢業後打算做什麼呢？」喬心不在焉。

「喬，我剛才告訴過你的呀，他要到大學去學醫，將來做一名醫生。」

「噢，那太好了。」喬說。

那位顧客看了看喬，感覺到喬太不重視自己所說的話了，於是，他說了一句「我該走了」，便走出了車行。喬・吉拉德呆呆地站在那裡。

下班後，喬回到家回想今天一整天的工作，分析自己做成的交易和失去的交易，並開始分析失去客戶的原因。

次日上午，喬一到辦公室，就給昨天那位顧客打了一個電話，誠懇地詢問道：「我是喬・吉拉德，我希望您能來一趟，我想我有一輛好車可以推薦給您。」

「哦，世界上最偉大的推銷員先生，」顧客說，「我想讓你知道的是，我已經從別人那裡買到車啦。」

「是嗎？」

「是的，我從那個欣賞我的推銷員那裡買到的。喬，當我提到我對我兒子是多麼的驕傲時，他是多麼認真地聽。」顧客沉默了一會兒，接著說，「你知道嗎？喬，你並沒有聽我說話，對你來說我兒子當不當得成醫生並不重要。你真是個笨蛋！當別人跟你講他的喜惡時，你應該聽著，而且必須聚精會神地聽。」

職場力

說是一門藝術，聽也是一門藝術。聽人講話要像自己講話一樣，保持飽滿的情緒，用心地理解對方講話的內容，即使你已經聽懂了對方的意思，也應出於禮貌耐心地聽下去，要善於做一個謙虛的聽眾。同時，不要邊聽人家講話，邊做與談話無關的事，這是對他人的不禮貌表現。

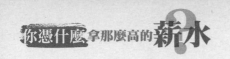

22. 抓住重點，贏得對方理解

人與人之間並非那麼難以理解，很多時候只是表達的問題，你需要掌握良好的溝通技巧，在關鍵時刻讓你如虎添翼。

有一天早上，小張辦公室的電話響了。一位焦躁憤怒的老主顧，在電話那頭抱怨小張他們公司運去的木材完全不合乎他們的規格，他的公司已經下令車子停止卸貨，請小張立刻安排把木材搬回去。他們的木材檢驗員報告說，在卸下來的木材中，百分之五十五不合規格。在這種情況下，他們拒絕接受。

小張立刻動身到對方的工廠去。一路上，小張都在擔心。這批木材的數量很大，如果出了什麼問題，對公司會是個非常大的打擊。

通常，在這種情形下，小張會以自己的工作經驗和知識，引用木材等級規則，來說服檢驗員，讓他們相信那批木材完全達到了標準。然而，小張還是忐忑不安，不知道等待他的會是怎樣一個場面。

小張到了工廠，發現採購經理和檢驗員悶悶不樂，一副等著抬槓吵架的姿態。小張走到卸貨的卡車前，要求他們繼續卸貨，讓自己看看情形如何。他請檢驗員繼續把不合規格的木料挑出來，把合格的放到另一堆。

事情進行了一會兒，小張才知道，原來他的檢查太嚴格，而且也把檢驗規則弄錯了。那批木料是白松，雖然小張知道那位檢驗員對硬木的知識很豐富，但檢驗白松卻不夠格，經驗也不夠。白松碰巧是小張最內行的。

但是該怎麼做呢?能對檢驗員評定白松等級的方式提出了反對意見嗎?絕對不可以。

小張繼續觀看，慢慢地開始問他某些木料不合標準的理由何在，小張一點也沒有暗示他檢查錯了。小張強調，自己請教他，只是希望以後送貨時，能確實滿足他們公司的要求。

小張以一種非常友好而合作的語氣請教他，並且堅持要他把不滿意的部分挑出來，使他高興了起來，於是他們之間劍拔弩張的情緒開始鬆弛消散了。偶爾小張小心地提問幾句，讓他自己覺得有些不能接受的木料可能是合乎規格的，也使他覺得他們的價格只能要求這樣的貨色。但是，小張非常小心，不讓他認為自己有意為難他，也不讓他以為自己在教育他。

漸漸地，他的整個態度改觀了。最後他坦白承認，他對白松木的經驗不多，並且問小張從車上搬下來的白松板的問題。小明就對他解釋為什麼那些松板都合乎檢驗規格，而且仍然堅持，如果他還認為不合格，自己不要他收下。他終於到了每挑出一塊不合格的木材，就有罪惡感的地步，最後他看出，錯誤是在他們自己沒有事先指明他們所需要的是多好的等級。

最後的結果是，在小張走了之後，他重新把卸下的木料檢驗一遍，全部接受了，於是小張公司收到了一張全額支票。

你可以看到，運用良好的溝通技巧，就使公司減少了一大筆物質上的損失。更重要的是，他們由此所獲得的良好合作關係，遠非金錢所能衡量。

日常的閒聊中，如果你沒有被對方充分理解，不要緊。可是，在人生的關鍵時刻，每一句話都會決定你的命運。你與人交談的方式，你的溝通能力，在你的事業生涯中佔據了極其重要的位置。良好的溝通能力是處理好人際關係的關鍵。具有良好的溝通能力可以使你很好地表達自己的思想和情感，獲得別人的理解和支持，從而和上級，同事，下級都能保持良好的關係。溝通技巧差的話，常常會被別人誤解，給別人留下不好的印象，對自己的前途也影響很大。

在你人生中的關鍵時刻，往往是一句話就決定了你是反敗為勝還是一敗塗地。理解始於溝通，一定要培養自己有效、良好的溝通能力。

一位汽車銷售人員正在向客戶推薦一款價格適中的經濟型轎車。客戶卻提出：「我不需要新汽車，我現在開的那輛汽車雖然有些破舊，但是還可以再開幾年。」銷售人員早就看到了客戶的那輛「坐騎」——它看上去相當破舊，四個輪胎已經被磨損得不成模樣了，而且耗油量相當大，更重要的是，它幾乎每隔幾天就要被送到修理廠。但此時銷售人員當然不能直接批評這輛汽車，因為客戶畢竟使用了它多年，也許已經產生了相當深厚的感情，而且那種直截了當的批評一定會傷害客戶的自尊心。

在聽完客戶的陳述後，這位聰明的汽車銷售人員說道：「您的汽車的確還可以再用幾年。一輛車能夠行駛二十萬公里，您開車的技術的確高人一等。不過，如果把這輛車折舊，再換一輛新車，那您既可以節省上下班的時間，又可以省下一大筆油耗錢。當然了，您還有一輛更棒的新車開。」

經過了一番考慮之後，客戶說自己會考慮購買汽車銷售人員建議的那款汽車。

溝通能力的重要性不言而喻，因為人每天都要與別人交流溝通。對於領導者和管理者來說，「溝通」能提升執行力和利潤率。而對於普通的職員來說，良好的溝通能力是通往成功之路所必備的一項能力。好的溝通能力可以讓你成功，差的溝通能力也可以讓你錯失良機。

一對老夫婦，女的穿著一套褪色的條紋棉布衣服，而她的丈夫則穿著布製的便宜西裝，也沒有事先約好，就直接去拜訪哈佛的校長。

校長的祕書在片刻間就斷定這兩個鄉下土包子根本不可能與哈佛有業務來往。先生輕聲地說：「我們要見校長。」祕書很禮貌地說：「他整天都很忙！」

女士回答說：「沒關係，我們可以等。」

過了幾個鐘頭，祕書一直不理他們，希望他們知難而退，自己離開。他們卻一直等在那裡。祕書終於決定通知校長：「也許他們跟您講幾句話就會走開。」

校長同意了。他很有禮貌但很冷淡地面對這對夫婦。女士告訴他：「我們有一個兒子曾經在哈佛讀過一年，他很喜歡哈佛，他在哈佛的生活很快樂。但是去年，他出了意外而死亡。我丈夫和我想在校園裡為他留個紀念物。」

校長並沒有被感動，冷漠地說：「夫人，我們不能為每一位曾讀過哈佛而後死亡的人建立雕像的。如果我們這樣做，我們的校園看起來像墓園一樣。」女士說：「不是，我們不是要豎立一座雕像，我們想要捐一棟大樓給哈佛。」

校長淡淡地說：「我們學校的建築物超過七百五十萬美元。」

這時，這位女士沉默不講話了，轉向她丈夫說：「只要七百五十萬就可以建一座大樓?那我們為什麼不建一座大學來紀念我們的兒子?」

就這樣，史丹佛夫婦離開了哈佛，到了加州，成立了史丹佛大學來紀念他們的兒子。在史丹佛夫婦離開的時候，哈佛的校長後悔已經沒有用了。

職場力

培根說過，機會老人先給你送上它的頭髮，如果你沒抓住，再抓就只能碰到它的禿頭了。

23. 把握技巧，開口才能是金

沒有一個聽話的人，會希望被講話者忽略。也沒有一個忽略聽眾的說話者，能獲得好的反應！

懂得講話技巧的人，能把一句原本並不十分中聽的話，說得讓人覺得舒服，譬如有一位官員，對事事請示的部屬不大滿意，但是他並不直截了當地命令大家分層負責，而改成在開會時說：

「我不是每樣事情都像各位那麼專精，所以今後簽公文時、請大家不要問我該怎麼做，而改成建議我怎麼做！」

還有一位曾在外交部任職的主官，當他要部屬到他辦公室時，從來不說：「請你到我辦公室來一趟！」而講：「我在辦公室等您。」

這兩個人，都是巧妙地把自己觀點的位置，由「主位」改成「賓位」，由真正的主動變成被動的樣子，當然也就容易贏得下屬的好感，因為沒有人不希望，覺得是自己做主，而非聽命辦事啊！

至於最高明的，要算是那懂得既為自己「造勢」又能為對方造勢的人了。我曾經聽過一位派駐美國的外交官，臨行酒宴上講的一段話，真是妙極了！他說：「大家都知道，如果沒有過人之才，不可能在這個外交戰場的紐約，擔任外交工作，而且一做就是十年。而我，沒有什麼過人之才，憑什麼能一做就是十幾年呢？這道理很簡單，因為我靠了你們這些朋友！」

多漂亮的話啊！不過一百字之間，連續三個轉折，是既有自負，又見謙虛，最後卻把一切歸功於朋友，怎不令人喝彩呢？

說了這麼多，如果你問我到底要怎樣講話，我還真是答不上來，但研究了這麼多年，我最少可以想到一個原則，就是：

除了為自己想，更為對方想。談好事，把重心放在對方身上；要責備，先把箭頭指在自己身上。最重要的是，當你發表自己的時候，千萬別忘了別人。

任何一位領導者在與自己的下屬進行溝通時，掌握好溝通的語言技巧是非常重要的，要掌握好語言溝通必須先從尊重下屬開始。

如果你希望別人怎樣對待你，那麼你就應該怎樣對待別人。每個人都有自己的尊嚴和權利，領導者在與下屬溝通時要先從尊重對方開始。與下屬溝通時要把握好尺度。

第一個尺度是空間的距離，就是與員工之間保持多遠的距離最合適，不要讓對方產生空間被侵入的感覺。較近的距離可能會有利於雙方產生好感，也可能會導致雙方的不自在。

第二個尺度是時機的掌握，要掌握適當的時機進行溝通，不要選在對方忙碌或心煩的時候溝通，如果時機不對，溝通的效果也會不好。

第三個尺度是手勢以及身體語言，在溝通的時候要會微笑，發自內心的微笑是成功溝通的法寶。表情和身體語言所產生的溝通效果比只用語言進行溝通所達到的效果要好得多。

溝通是人與人之間傳達思想和交流訊息的過程，是心靈之間的一種碰撞，是人類生存必備條件之一。也許溝通中的一個微笑，一個手勢，一句問候，都可以拉近彼此間的距離。

有位朋友說，他在外工作許多年，每次在面臨應徵新的職業時，都需要填寫自己的履歷表，在特長的那一欄裡那位朋友並沒有填寫什麼琴棋書畫之類的東西，而是填寫了「溝通」。

對於這一點，幾乎所有的老闆在面試時都要對他進行一番考證，然後便是試用期，然後就是正式聘任、重用。所以，對於職場工作中的人來說，溝通真的不可缺少。所以應該感謝工作中的互動關係，是工作讓一部分人學會了溝通，或者說是逼迫人們學會了溝通。身在職場中的人幾乎無時無刻都面臨著溝通的問題，與客戶溝通、與上司溝通、與同僚溝通、與下屬溝通、與家人溝通、與朋友溝通、與陌生人溝通等，可以說，沒有溝通就會使身在職場的人寸步難行。溝通要講誠意，只有雙方坦誠相待，才能實現真正意義上的溝通。

溝通人人都會，但作為領導者在與下屬進行溝通時一定要把握好溝通的語言技巧。不要因「溝通很簡單」而隨心所欲地與下屬進行溝通，不顧下屬的心理感受。

說話是簡單，但是溝通需要較高的說話技巧。特別是在與下屬進行溝通時要求上司更應該巧妙地運用語言技巧，而不是無所顧忌地說話。怎樣才能達到與下屬溝通的最好效果呢?還是先講一個例子更易於理解：前不久，一位同事從一家寵物店買回一條小狗，晚上他給他姐姐打電話，告訴她買了一條白色的「博美」，姐姐非常高興，不停地詢問那小狗什麼顏色，多大了，漂亮嗎?晚上，他老婆回到家裡看到這條小狗的時候，馬上就問他，這小狗有沒有打預防針，會不會咬人，等等。

同樣是對於同一條狗的理解就不同，不同的人作出的反應也不同。而姐姐從小就喜歡狗，因此一聽到狗，在她的腦海中肯定會浮現出小狗可愛的影像。而老婆的反應卻是關心狗是否會給家人帶來什麼麻煩，在腦海中浮現出的是一副「骯髒兇惡的狗」的形象。

從這個例子可以看出，同樣的一件事物，不同的人對於它的理解差別是比較大的。在與下屬說話與溝透過程中也是如此。當你說出一句話來，你自己認為可能已經將自己的意思表達清楚了，但是不同的聽眾會有不同的反應，理解可能是千差萬別的，甚至可能理解為相反的意思，這將大大影響溝通的效率與效果。

因此，在進行溝通的時候，需要體會對方的感受，做到用「心」去溝通。溝通是一種心態或者說是一種處世之道，在與下屬進行溝通時一定要把握好溝通的語言技巧。

儘管溝通是透過口頭或書面的方式進行的，但並不簡單地等同於語言能力或是寫作能力，正如朋友所說，要用「心」去和對方溝通。在溝通中，關鍵是要學會傾聽，學會做一個好聽眾，用心傾聽，學習瞭解別人而不是判斷別人。在交流意見中，可以瞭解對方的意思、而對方也能瞭解自己的意思，把彼此意見的差距逐漸縮小。

身在職場中人都能夠深刻地體會到，任何溝通都是「雙方」之間的一種交流和聯絡，包括情感、態度、思想和觀念的交流。溝通的目的並不在於說服對方，而在於尋找雙方都能夠接受的方法。

因此，溝通的方式往往比溝通的內容更為重要，這就要在溝通的過程中，一定要先引起對方的關注和取得對方的信任，一定要注意避免用命令式語氣，也盡量避免「我」，而要用「我們」來取代，讓下屬覺得彼此是一體的，為達成共識而努力。

與此同時，要尊重下屬的反抗情緒，避免發生爭辯，爭辯並不能帶給自己任何的勝利，只是一種傷害的開始。掌握好溝通的語言技巧，在與下屬進行溝通時就會比較順利一些。

有一個賣酒的人家，所賣的酒不但斤兩夠，而且味道頗佳，待客又十分親切。可是不知什麼原因，生意始終不好，所釀製的酒常常賣不出去，傷透腦筋的老闆便去請教村中的智者，看看是否有對策。

智者問道：「你家門口是否養了一隻猛犬？」

「是啊，養狗和酒賣不出去有什麼關係？」

智者便回答道：「當然有關係，假如大人沒時間去買酒，要自己的小孩帶錢前去替大人買酒，當走到你家門前時，看到門口那隻大狗，小孩的心裡就會產生一種恐懼感，就把小孩給嚇跑了，生意自然不會好了。」

職場力

一個看似比較平常的小問題有時會影響一個人的一生，就像不少吸毒者一樣，開始認為吸一口不要緊，然而就是這一口卻毀了一個人的一生，不是有「千里之堤，潰於蟻穴」這句話嗎？這給管理者一個啟示，對待下屬，一定要善意，尤其是功勞赫赫者，更不能忽視。善待員工就是要和他們多溝通，多給予獎勵，給他們良好的工作環境。作為上司，在與下屬進行溝通說話時不能表現得傲慢，更不能居高臨下。

24. 有效說服，忠言無須逆耳

說服自己靠心態，說服別人靠技巧。

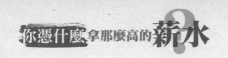

忠告本是對別人最佳的饋贈，也是最真誠的建議，可是偏偏很多忠告都似苦口良藥，很難被人欣然接受，往往還會收到反效果。忠言作為真誠幫助他人的一種形式，它的初衷必須是善意的。既然是善意的，獻言者就會想方法把話說得讓人容易接受，而逆耳之言恐怕就不好被人接受了。所以僅有「為別人好」的善意獻言還不夠，要使獻言變成對方能接受的忠言，獻言者就必須掌握「進言」的技巧，否則就會收到反效果。

誰都不愛接受批駁自己的意見，也不願聽逆耳的忠言，這時，往往裹上一層「糖衣」包裝成委婉的順耳之言，才能起到很好的規勸作用。一種苦味的藥丸，外面裹著糖衣，使人先感到甜味，容易一口吞下肚子去。於是，藥物進入胃腸，藥性發生效用，疾病也就好了。

一個衣冠楚楚的青年開著一輛豪華的寶馬汽車兜風。車開到交叉口碰上紅燈，他趁機點燃了最後一支香菸，隨手將空盒丟出車外。恰好一位婦女從車旁經過，撿起菸盒，走近汽車，笑容可掬地問道：「先生，你這個煙盒不要了嗎？」那位男士似乎意識到自己不文明的行為，趕忙改口說：「剛才不小心，菸盒掉了下來，謝謝你幫我撿起。」說著把菸盒拿了回去，帶著一份窘迫的神色匆忙開車走了。

在以上的說服中，那位婦女採用的是委婉含蓄的方式，她明明親眼看見那位青年故意亂扔垃圾，而沒有揭穿他，而是假裝不知道，給他撿起菸盒，讓他認識到自己的錯誤行為，假如她直來直往，自以為打著正義的旗號去教訓那位青年，恐怕那位青年非但聽不進去，反而會罵她多管閒事。可見委婉含蓄是說服中的「高招」。

推而廣之，我們在規勸和糾正別人的時候，先對對方所犯的錯誤加以諒解，要表示同情對方所犯的錯誤，使對方減少害怕，同時也減少羞愧之心，然後再用溫和的方法把錯誤指出來，指正的話越少越好，能用一兩句就使對方明白了，而不要囉唆不休，導致對方陷於窘境，產生反感。如果可能的話，在糾正對方的同時，也要提出一些讚揚和肯定，這樣對方覺得你的評論很中肯和公平，就容易心悅誠服。

許多優秀的教師常將這種智慧思維的「說教方式」應用於對學生的教導，含而不露地引發學生的聯想，出神入化地推動對知識的領悟，收都到意想不到的教學效果。

有一位教師發現班上有個學生偷學抽菸，於是在班會上說：「今天我不想講吸菸的害處，只想講吸菸的好處。吸菸有三大好處：第一，可防盜。因為吸菸引起夜間深度劇咳，小偷哪敢上門？第二，可演包公。從小吸菸，肺都黑了，長大菸容滿面，黃中帶黑，演包公就省去了化妝的麻煩。第三，永遠年輕。醫學統計表明，吸菸歷史和人的壽命成反比，當然他的檔案上的年齡永遠年輕。」

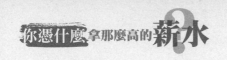

這欲貶虛褒的幽默，妙趣橫生，句句擊中要害，看似講的是「三大好處」，實際講的是「三大壞處」。孩子聽起來既覺得新鮮又能在心靈深處受到觸動，自然樂意接受這種善意的批評從而改掉惡習。

無論你面對的是朋友，是同事，是親人，還是一般熟人，只要你是真的有意向對方獻上忠言，那麼就請你先把自己的情緒調整好，拐彎抹角地說，委婉一些說，你所獻的忠言就一定不逆耳，還能起到理想的效果。

我們要對人說規勸的話，在未說之前，先來摸清對方的心理，使其嚐一些甜點，然後再反映真實的意見，對方也就容易接受了。

張某是一家公司新上任的部門經理。經過一段時間的觀察，他發現許多員工經常遲到。一天，張經理早早地來到公司，為他那個部門的每個員工買了份早餐。等員工都到齊了，他把早餐拿出來對大家說：「各位，我知道你們工作很辛苦，由於時間的關係，來不及吃早餐，我特意為大家買了早點，希望大家每天都記得吃早點。」

一開始所有員工都不知張經理葫蘆裡賣什麼藥，後來經公司有「遲到王」之稱的小明提醒，大家恍然大悟。終於明白張經理的用心良苦，原來張經理藉「早點」來提醒大家上班早點，以後別再遲到了。從此以後，再也沒有遲到的現象出現。

在這裡，張經理巧妙地運用諧音詞，說服員工以後別再遲到，不僅幽默風趣，而且委婉含蓄，更表現很濃的「人情味」，這種說服技巧不能不讓人佩服。

除了糖衣炮彈和人情味兒之外，忠言也可以帶上一點幽默的色彩，這樣有助於淡化其說教的基調，減少了對方的排斥，也就更容易被聽取了。

一對青年夫妻為了一點小事在戶外吵了起來，先是相互抱怨，進而大吵大鬧。兩人誰也不讓誰，眼看就要大動干戈了，這時隔壁的鄰居張大叔，拿著一把雨傘走上前去，走到那對夫妻旁邊，把雨傘撐開看著他倆吵架。這時那位青年停了下來，用驚奇的語氣說：「我說張大叔，這麼好的天氣你打把雨傘幹嗎？」

張大叔一本正經地說：「當然是躲雨，剛才（你們臉上）烏雲密佈，（嘴裡）

雷聲轟隆，待會肯定會下大雨。」

張大叔幽默的話語和滑稽的行為把那對夫妻逗得哈哈大笑，頓時火氣消了下來，硝煙被幽默驅趕得無影無蹤。由此可見，幽默在勸說中有著神奇的效果。試想一下，如果直截了當地對人家進行批評規勸，小兩口肯定會說你是什麼人啊？憑什麼管我們家的事啊？兩人肯定就一致對外，張大叔好人做不成，還得碰一鼻子灰。所以帶上點幽默的色彩，對方聽得進去最好，對方聽不進去，就當說了一個不好笑的笑話，也不至於讓自己陷入尷尬。

這些都是勸說和忠言的外在包裝。說到底，想規勸一個人還是因為心裡在乎他，關心他，不然為人家操什麼心啊？所以，不管用什麼方式規勸進言，重點是讓對方感受到你是在為他設身處地的著想，感受到你是為他好，這樣才能讓他坦然接受。

有這樣一個事例，說的是一個牧場主養了許多羊，他的鄰居是個獵戶，院子裡養了一群兇猛的獵狗。這些獵狗經常跳過柵欄，襲擊牧場裡的小羊羔，牧場主曾多次請獵戶把狗關好，但獵戶卻不以為然。後來牧場主想了個辦法，他在自己羊群裡挑選了三隻可愛的小羊羔分別送給獵戶的三個兒子，看到潔白溫馴的小羊羔，孩子們如獲至寶，每天放學後都要在院子和小羊羔玩耍嬉戲，因為怕獵狗傷害兒子們的小羊，獵戶做了個大鐵籠，把狗牢牢地鎖了起來。從此，牧場主的羊群再也沒有受到騷擾。

職場力

要說服一個人，最好的辦法就是為他著想，讓他也從中受益。雖然有人糾正錯誤是一件對人有益的事情，但所謂忠言逆耳，很少人能夠心平氣和地聽進去。關鍵的一點，是要讓對方明白，自己是和他站在一邊的，不是和他對立的。

在說服別人時，只要做到以上幾點，讓你的忠言不再逆耳，使人聽得「耳順」，並且設身處地地為人著想，這樣你的說服才會最有效。

25. 選擇語言，掌握說話藝術

一個人的成功等於百分之二十的專業知識加百分之八十的人際關係，要擁有良好的人際關係，擁有強大的人脈資源，就一定要具備熟練的溝通能力。可以在最短時間內提高溝通能力的辦法就要數演講了。在一群人面前，說明一個構想，交換觀點，並且贏得別人贊同。多做這種訓練，可以提高你的表達能力。

學會在會議上，或者人多的場合表達自己的觀點。而你說話時的表現，會影響到你的觀點是否被人接受。如果你說話時能夠表現出信心，別人會慎重地考慮你的構想。相反別人就會認為不值得考慮。很多優異的構想往往只因為說話人吞吞吐吐、口齒不清，或語氣不肯定，而遭人拒絕。

另外，何時溝通以及溝通什麼同樣重要。尋找合適的時機，選擇巧妙的語言，都可用讓你的溝通更有效。不管溝通的媒介是什麼，溝通情況是什麼，得體有效是準則。

要想對方認同你的話，就要站在他的角度考慮。人往往從自己的立場出發去看問題。所以當你換一個角度，為對方著想的時候，一定會收到良好的效果。

首先，你要少說多聽。我們與別人進行有效溝通，傾聽和講話是必不可少的方式；在交往中，大多數人喜歡表現自己，展示自己的口才，總以為自己說得越多，效果會更好；其實，多說話不一定是好事，而一個如果不聽人言，自說自話，那麼多半會惹人生厭。既然喜歡說、不喜歡聽是人性弱點之一，那麼我們可以充分利用、掌握這一人性弱點，讓對方暢所欲言，而自己用心去聽。

用心傾聽，是表示你對對方的關心與重視，這樣比較容易能贏得對方的好感。因為人們總喜歡與尊重自己、平易近人的人往來。戴爾·卡內基曾說：「專心聽別人講話的態度是我們所能給予別人的最大讚美。所以你要得到別人的認可，就要讓別人表現得比你優越。同時，用心傾聽，不是只聽到對方的言辭，還要獲得那些話裡的真正意思，把握對方的心理，知道他需要什麼，關心什麼，擔心什麼。只有瞭解他的心，自己講話才會增加說服的針對性。」

「當你微笑時，整個世界都在笑，一臉苦相沒有人會理睬你。」其次，在談話過程中，要對對方的講話作出積極的反應，表明自己對內容感興趣。比如，聆聽時，你應該看著對方的眼睛，保持適當的視線接觸。不要無故打斷對方的講話。有時候，用點頭、微笑或者肯定性的簡短回答——比如「是的」、「很好」等，來表示你的贊同。如果你毫無反應，答話也沒有，對方無法肯定你是否在聽。在對方講話時，不要有左顧右盼、亂寫亂畫、胡亂擺弄紙張或看手錶等心不在焉的表現方式。如果對方講話，而我們卻心不在焉，或者我們只聽到一半，就顯得不耐煩，那麼雙方之間的距離一下子就拉遠了。在與他人交往的過程中，你的態度、言語都在傳遞在你的心理。得失往往是一瞬間，一句話的事情。

與他人溝通的過程中，切不可表現出自大、自我、自私，要主動關心他人的狀況，關注他人的需求。培根說：「和藹可親的態度是永遠的介紹信。」在你的職業生涯中，與人交往時，如果能這樣主動地關心對方，急對方之所急，怎麼會不成功呢?

與人溝通的訣竅就是：談論他人最以為貴的事情。說話藝術是一門極其深奧的學問，必須衡量當時的對象和場所，採取適當的對策。當你發現某些話題容易引起聽者誤會，或刺傷對方的感情時，就不可魯莽地明言，而應該採取迂迴或抽象的詞彙，讓對方免除下不了台的尷尬場面。

總之，溝通過程中，先要學會悉心傾聽，不打斷對方，眼睛不閃躲，全神貫注地用心來聽；然後要勇於表達，坦白講出自己的內心感受、想法和期望；不可口出惡言，切記「禍從口出」；要學會理性溝通，有情緒時避免溝通；要有耐心也要有智慧，選擇得體巧妙的語言表達。

職場力

請記得，話語溝通應該遵循的五項法則：

易懂：談話的內容簡單易懂。
有趣：內容充實，要讓對方感興趣。
平和：臉上總是充滿笑容，令人感覺愉快。
真誠：對人誠懇，讓人感覺到你的誠意。
得體：視不同的對象和場合，決定你的談話內容。

26.學會溝通，帶來事業成功

溝通無時無刻存在於我們日常生活中，它既是事業成功的關鍵，也是管理的靈魂。

管理者必須學會有效溝通，掌握溝通藝術。要進行有效溝通，管理者必須培養敏銳而準確的洞察力，必須學會傾聽，針對不同的人群和團體，使用不同的溝通方式。

西方人才理論認為，個人事業成敗主要受兩大因素的制約；其一為自身因素，其二為社會環境。就個人才能發揮來講，人際溝通狀況是一個尤為重要的社會環境。事實證明，這個社會環境直接或間接地影響著人的事業。哈佛大學就業指導小組一九九五年調查結果顯示，在五百名被解職的男女中，因人際溝通不良而導致工作不稱職者占百分之八十二，由此可見，人際溝通有多麼重要！作為現代企業的管理者，掌握良好的人際溝通藝術是其成功的必備要件。中國的古話說得好，「眾人拾柴火焰高」，「獨木難成林」。古代尚且如此，更何況在現代化的企業中，沒有合作將寸步難行，而合作的基礎就是溝通。另外，溝通還存在於我們日常生活之中，我們需要與家人溝通，與親戚朋友溝通，與同事溝通，甚至與遇到的陌生人溝通。所以說溝通是個龐大的體系，溝通是一門科學，它需要我們如同學習其他科學和社會知識一樣，認真地研究和掌握；溝通又是一門藝術，需要我們用心去鑽研，去實踐。

那麼如何培養有效的溝通能力呢？

溝通是指為了設定的目標，把訊息、思想和情感在個人或群體間傳遞的過程。溝通技巧是一種社會技巧，因為溝通發生在社會環境中，也就是說，溝通屬於社會交往範疇，要掌握這門技巧，應該從以下幾方面入手。

第一，管理者必須培養敏銳而準確的洞察力。所謂的洞察力是指我們認識世界的方式，很明顯，在管理者的一些管理工作中，準確的、有時還應是快速的洞察力是非常重要的。例如，這些工作包括選擇面試者、銷售人員、衝突處理者，等等等。洞察力受到人們各自經歷的限制，任何人不可能做到對每件事都面面俱到。每個人對周圍所發生的事的認識方法反映了每個人的經驗，成見與偏見就產生於人們過於依賴自身的經驗。實際上，人的成見與偏見在認識他人和周圍事物的過程中起著巨大的作用，會限制一個管理者的溝通水平與範圍，影響溝通的效果。因而就要求管理者克服成見與偏見，培養敏銳的洞察力，加強有效溝通。

第二，管理者要重視傾聽，學會傾聽。傾聽是管理者必備的素質之一，理論與經驗都告訴我們，是否善於傾聽是衡量一個管理者水平高低的標誌。成功的管理者大多是善於傾聽的人。日本松下電器的創始人松下幸之助就把自己的全部經營祕訣歸結為一句話：「首先傾聽他人的意見。」由於松下先生能充分認真聽取各個層級的意見，所以處理問題時總是胸有成竹，當機立斷，進而取得成功。傾聽是由管理工作的特點決定的，面對當今紛繁複雜的競爭市場，任何個人都難以作出正確的判斷，所以必須重視傾聽。唐代著名賢臣魏徵指出，「兼聽則明，偏

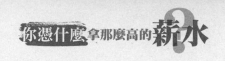

信則暗」，可謂一針見血。傾聽，管理者可以及時獲得訊息，抓住市場變化，作出正確決策；透過傾聽，管理者可以彌補自己的不足，減少錯誤；透過傾聽，管理者可以及時發現他人的長處，同時傾聽本身也是一種鼓勵方式，能提高對方的自信，激發其工作熱情與負責精神。因此，有效的傾聽對管理者至關重要。

第三，針對不同的人群和團體，使用不同的溝通方式。文化差異、性別差異、語言差異等因素要求管理者在溝通時必須區別對待，掌握分寸。這其中有科學規律可循，管理者必須認真研究和掌握，只有這樣，才能做到事半功倍。例如，由於男女的差異，男性與女性在談話方式上就有著很大不同，男性傾向於報告式談話，常常要盡力引起別人注意；而女性常常進行和諧式談話，她們之間交談的重點在於尋找共同點，如果一個女人試圖在一個團體中出風頭，那麼她必會受到批評。因而管理者在溝通中就必須重視這種性別差異。

綜上所述，可以說溝通是管理的靈魂，沒有溝通，就沒有管理。因此，在這入世的大好時機，現代化企業的管理者應該掌握溝通藝術，迎接入世挑戰，並在挑戰中取得最終的勝利。

職場中，主動地去跟別人溝通極為重要，每個人都應該學會把自己的想法坦率地和上級交流，以獲得回饋和解決。卡特是美國金融界的知名人士。他初入金融界時，他的一些同學已在業內擔任高職，也就是說他們已經成為老闆的心腹。當卡特向他們尋求建議時，他們教給卡特一個最重要的祕訣：一定要積極地與上司溝通。

現實生活中，許多職員對上司有生疏及恐懼感，他們在上司面前噤若寒蟬，一舉一動彆彆扭扭，極不自然，甚至就連在工作中也盡量不與上司見面，有事就托同事代為轉述，或只用書面形式做工作報告，他們認為，這樣可以免受上司當面責難的難堪。然而，人與人之間的好感是要透過實際接觸和語言溝通才能建立起來的。一個默默無聞不露面的人，很難獲得上級的賞識，也很難在職場中獲得成就。只有主動跟上司做面對面的接觸，讓自己真實地展現在上司面前，才能令上司認識到自己的工作才能，才會有被賞識的機會，才可能得到提升。

主動回報

孫小姐是某總經理的助理，總經理一下飛機，她在車裡面就不停地跟他報告，來了多少人，什麼人參加，會場佈置情況怎麼樣，銀幕怎麼樣，音響怎麼樣等，主動報告她的工作進度。總經理對她的工作很滿意，不久便提升她做了公關經理。

如果職員經常自己單槍匹馬，自己決斷，從來不問上司，上司無法掌握你的工作進度，甚至有時會懷疑你根本沒有能力完成工作，這樣一來，你在上司心目中的地位就會下降。而主動回報就不一樣了。如果你每隔一段時間都向上級匯報一下工作的進展情況，或者提出一些建議，或尋求老闆的支持和意見，那麼老闆會非常清晰地知道工作的進展，也更容易制定公司的戰略，同時也能監督和檢查你的工作成果。這對你和整個工作團隊都是非常有益的。

所以一定要養成這樣的好習慣，就是對工作進度要主動報告，以便讓上司知道你在什麼地方，你做到什麼程度，一旦有了偏差還來得及糾正。帶著問題向上司匯報工作，同時附帶上一個可能的解決方案。這其實是一個讓你在上司面前展示能力的機會。

主動瞭解上級對自己的評價

一個替人割草的男孩出價五美元，請他的朋友為他給一位老太太打電話。電話撥通後，男孩的朋友問道：「您需不需要割草？」

老太太回答說：「不需要了，我已經有了割草工。」

男孩的朋友又說：「我會幫您拔掉花叢中的雜草。」

老太太回答：「我的割草工已經做了。」

男孩的朋友再說：「我會幫您把走道四周的草割齊。」

老太太回答：「我請的那個割草工也已經做了，他做得很好。謝謝你，我不需要新的割草工。」

男孩的朋友便掛了電話，接著不解地問割草的男孩：「你不是就在老太太那兒割草打工嗎？為什麼還要打這個電話？」

割草的男孩說：「我只是想知道老太太對我工作的評價。」

這個故事告訴我們：主動瞭解上級對自己的評價，你才有可能知道上級對自己有何種認識，才能夠了解自己的處境。

隨時溝通，氣氛輕鬆

為了增加自己的親切感，同時增進相互的了解，每個職員都應該找到恰當的溝通方式，而這並不需要有專門的場所、專門的地點和專門的時間特意地進行，只要有心，隨時隨地都可以。

與老闆溝通不一定非要在他的辦公室，更不是非要到會議室去。相反，在老闆的辦公室和會議室與他溝通效果最差，因為那裡氣氛太嚴肅了。有時候簡單的溝通可以在下班的途中，中午的休息室，辦公樓的電梯間、停車場等地方進行，這時老闆的決策會更快，氣氛也更加自然輕鬆，他會說：「好吧，就這麼辦。」否則到老闆的辦公室談的話肯定要講半個鐘頭。

福特汽車企業北美市場部長理查·芬斯特梅契常常對他的同事說：「我辦公

室的房門永遠是開著的，如果你經過時看到我在位置上，即使你只是想打個招呼，隨時歡迎你進來。如果你想告訴我一個點子，也歡迎你！千萬不要以為要經過祕書通知才可以跟我說話。」這樣做，就可以增加一種親和力，讓別人願意接近你，樂意與你交談。

上下級經常接觸

如果你是一位公司領導者，應經常下來和普通員工在一起工作，觀看他們的工作狀態，這樣一來，員工對你會非常熟悉，也會認為你非常親切，同時你自己也能夠瞭解到員工平時工作的最真實狀態，瞭解他們的各種需要。溝通講得簡單一點，就是人與人的接觸，如果因為身份高貴就每天窩在辦公室裡聽簡報，哪裡算是溝通呢？

玫琳凱公司曾在世界五百大企業中排名八十二位，這跟玫琳凱具有親和力的管理方式是密切相關的。玫琳凱每年都好幾次邀請她的員工到家裡喝茶，而且幾乎所有為她工作的人都認為自己瞭解她。他們說：「有的人要是像她那樣與你傾心交談，你就不會有神祕感了。」她的名字在她的員工心目中一直保留著鼓舞人心的力量，她的公司之所以有這種令許多管理者都羨慕的效果，正是因為玫琳凱平易近人、經常接觸下屬的緣故。

一般企業老總或經理人級別較高，而且大多有獨立的辦公室，所以下屬一般不會知道他們在忙什麼，想什麼。上級的痛苦下屬未必瞭解，下屬在做什麼上級也不見得知道，這就是溝通出現了斷層：上級總覺得下屬陌生，不體諒自己；而下屬又覺得上司高高在上，沒有親切感。雙方誰也不理解誰，衝突就產生了。

這種情況其實用一些小技巧就能馬上改善，比如親筆寫一封感謝便條，打個電話，請員工喝茶、吃飯，有小的進步立即表揚，或者進行家訪，對下屬的生活和家庭表現出一定的興趣，經常走走，打打招呼，有時候送些小禮物。

說話留有餘地

一般來說，上司都不太喜歡平庸無能的部下。所以讓你的上司知道你的工作能力、真才實學就顯得非常重要。要取得上司對你的信任，最重要的一點就是不要輕易對上司許諾。當上司交給你某一項任務時，這件事你還沒有做，你自己也不知道能否在規定的時間內完成，如果你滿口答應說「一定完成」，而最終又沒有實現，那麼上司對你的信任感就會減弱，因為人們總是信奉「一諾千金」的。但是如果你回答說：「好的，我盡力完成。」然後你趕緊設法去辦，那麼即使你不能按時完成，上司自然也就不以為意了。

職場力

當我們對某項工作沒有絕對的把握時，千萬不要輕易向上司許諾；而一旦向上司作了保證，就一定要盡一切努力去向上司兌現你的諾言。

你憑什麼？

Chapter 5

思考創造未來奇蹟——

創新能力

創新是建立在創造結果基礎之上，
是對具有原創性東西有限的具體地應用，
它不能給事物以生命的起點。
只有創新才能使其踏上盡善盡美之路。
創造和創新都是推動人類社會發展和進步的動力。

27. 擁抱創新，思考跨越藩籬

創新不需要天才，創新只在於找出新的改進方法。任何事情的成功，都是因為能找出把事情做得更好的辦法。

什麼叫創新呢？

一個低收入的家庭訂出一項計劃，使孩子能進一流的大學。這就是創新。

一個家庭設法將附近髒亂的街道變成鄰近最美的地區。這也是創新。

想法子簡化資料的保存，或向沒有希望的顧客推銷，或讓孩子做有建設的活動，或使員工真心喜愛他們的工作，或防止一場口角的發生，拿破侖·希爾告訴我們，這些都是很實際的每天都會發生的創新的實例。

什麼叫創新？《伊索寓言》裡的一個小故事給我們一個不錯的解釋：一個暴風雨的日子，有一個窮人到富人家討飯。

「滾開！」僕人說，「不要來打攪我們。」

窮人說：「只要讓我進去，在你們的火爐上烤乾衣服就行了。」僕人以為這不需要花費什麼，就讓他進去了。

這個可憐人，這時請廚娘給他一個小鍋，以便他煮點石頭湯喝。

「石頭湯？」廚娘說，「我想看看你怎樣能用石頭做成湯。」於是她就答應了。窮人於是到路上揀了塊石頭洗淨後放在鍋裡煮。

「可是，你總得放點鹽吧。」廚娘說，她給他一些鹽，後來又給了豌豆、薄荷、香菜。最後，又把能夠收拾到的碎肉末都放在湯裡。

當然，您也許能猜到，這個可憐人後來把石頭撈出來扔回路上。滿足的喝了一鍋肉湯。

如果這窮人對僕人說：「行行好吧！請給我一鍋肉湯。」會得到什麼結果呢？因此，伊索在故事結尾處總結說：「堅持下去，方法正確，你就能成功。」

而這裡的方法正是去進行創新，如果那個窮人只是依照常規去乞求一鍋肉湯的話，毋庸置疑，他肯定得不到，那麼結果可能是他被餓死或凍死在那個暴風雨的日子裡。我們也許可以說，當時他別無選擇，在明知道常規方法得不到自己所需要的東西的時候，就選擇了創新，用創新的能力去為自己贏得了自己所需要的東西。

而對於中國，其五千年的古代文明的成功之處，正是在於偉大的創新能力，四大發明在中國，偉大長城為中國製造了一個奇蹟。而所有這些理論都是在已有的理論基礎上結合中國自身的環境，所提出的適合中國發展的理論及方法。在當時，面對著中國碰到的那些獨特的問題，我們所應該做的就是吸取國外的思想，同時結合我國的情勢來制定適合我國發展的理論思想。而如今也證明了，當時作出的選擇都是正確的。

對於一個國家而言，它的繁榮，它的地位取決於主要領導者的創新意識，但也依賴於這個國家人民的創新能力。而如今我們渴望創新，希望自己能夠有一些創新的意識，但是他們並沒有去實現，而只是抱怨自己能力不夠、幹不了大事。

實則不然，據心理學家研究發現，人們所使用的能力只有我們所具備能力的百分之二五，人可挖的潛力是非常巨大的，而提倡打破常規的創造性能力無疑是打開這扇大門的一把金鑰匙。只有去打破常規，產生創新性能力，我們的個人才能夠得到發展，我們的國家才能夠不斷前進，除了創新，我們別無選擇。

早在我國古代，便有不少創造性能力的典型例子。宋代司馬光砸缸的故事可謂是家喻戶曉，然而當人們講到這個故事的時候，更多的評價是說他的機智、聰明使他有了那樣的想法，使另一個孩子的生命得到了倖存，卻忽略他此時打破常規的能力方式。試想，倘若司馬光陷入常規思想的枷鎖，另一個孩子極有可能便已淹死，在此時似乎憑己之力難以解決，唯有打破常規，進行創新，才有可能化險為夷，扭轉乾坤。

在近代，進化論的創始者達爾文也是一個具有創造精神的人，在當時教會占統治地位，人們深信上帝不疑之時，他敢於創新，從科學的角度闡述了自己獨特的觀點，儘管在當時不能為人所接受，而如今終為生物界發展的主流，自己也名垂千古。試想如果沒有達爾文當時的創新精神，打破常規，提出了具有創新性的能力—進化論，也許人類仍然處於一種迷信之中，仍然相信上帝的存在，而不去發揮人類本身的能力，但我們都知道，此時人類別無選擇，只有去創新，去用科學的觀點闡述自己的看法且打破常規，我們才可以在不斷地進步中發展。

而在當今世界，曾有一位探險家深入雪山被困，糧食耗盡，精疲力竭，雖與外界取得了聯繫，但在茫茫雪海之中尋人又談何容易？警方雖出動了數架直升機，仍是難尋蹤影，在如此「彈盡糧絕」卻又無外援的情況下，按常理已是希望渺茫，然此時探險家打破常規，割肉放血，這雖是加速自己的死亡，可是鮮血染紅一片白雪，在一片白茫之中格外顯眼，最終，他獲救了。在似乎絕望的困境中，他打破常規，終於尋找到了希望，創造出了新的生機。

談古論今，任何成大業，做大事者無不具有這種打破常規的創造性能力，化缺點為優點，化弊端為有利，化腐朽為神奇。在如今這個發展快速的時代，無論在什麼領域，都是急需這種人才，「百尺竿頭，更進一步」。想要佔得先機，勝人一籌，打破常規──創新精神是必不可少的素質。

職場力

在社會中，當各種物質條件都已經發展到了一個高度的時候，如果我們還只是想透過傳統的想法，認為透過自己的努力、勤奮就可以去提高自己的能力，為自己的成功增加籌碼的話，那我們從一開始就站在了一個比別人低的起點上了。事實上，現在儘管我們都把創新掛在嘴邊，但實際上，我們需要做的更是把這些嘴邊的說法去實現一下。在當今這個物質充裕的社會裡，我們還有什麼資源可以利用來為自己的成功增加籌碼呢？那就是人們自身用之無窮的創新能力，只有充分意識到這一點，我們才能不斷地去攀登成功的山峰。

28. 敢於創新，拒絕能力定式

而人的能力受阻，往往是太遵守常規和邏輯，總是太墨守成規，害怕觸犯規則，不敢越雷池一步，把自己的觀念與能力囚禁在舊模式的框架中。

有這樣一個小故事：有一天，一個美國人的兒子從幼稚園回來，鄭重其事地拿出水果刀和一個蘋果，說：「您知道蘋果裡藏著什麼嗎？」做父親的不以為意：「除了果核還能有什麼？」兒子就把蘋果橫切成兩半，興奮地說：「看哪，裡面有一顆星星。」果然，蘋果切面顯示出一個清晰的「五角星」圖案。這位美國人沉默了，他已吃過多少蘋果，卻從未發現蘋果裡還有「星星」這樣一個祕密。

這個故事可以讓我們領悟到一個道理：只有敢於突破能力定式，才會有質的改變和創造性的發現。突破能力定式，我們才可以取得成功，才會有創新的能力，在工作、學習和生活中我們才能夠得到巨大的利益，才能夠不斷地走向成功。

突破能力定式，勇於出奇制勝，必將有助於開創事業，從而取得不同的經濟效益。據載，足球鞋早在一八九五年就製造出來了，當時每雙重五百八十五克。直到二十世紀五〇年代愛迪達公司對此作了專門研究，發現鞋重與運動員體力消耗關係成正比，從而限制了足球運動的突破。而鞋重減不下來主要是因為始終保留了金屬鞋頭。於是他們大膽摒棄金屬鞋頭，設計出重量僅為原來一半的足球鞋。新產品一投入市場，就深受青睞，供不應求。那麼愛迪達成功的原因是什麼呢?就是因為它突破了人們頭腦中無形的能力框架：鞋重無足輕重。打破了習慣性能力的束縛，也就領先一步，創造性地解決了問題，迅速佔領了市場。這對於今天我們企業求創新、求發展是很好的借鑑。

突破能力定式，善於獨闢蹊徑，同樣會在學習中提高效率，取得事半功倍的效果。比如，從一加到一百，怎麼算?老老實實「一+二+三+……」的一個一個算，當然也能得出結果，但有沒有簡便方法呢?只要動一下腦筋就不難發現其中有五十個一百零一（一加一百、二加九十九……），這樣很快就準確地算出答案是五千零五十了。所以，我們解題時可以試用一些新的方法，它可能更簡便，更合理。在觀察問題時，不妨問一下自己：「為什麼是這樣的？原來就是這樣的嗎？將來又會怎樣？」讀書時也不一定完全順著作者的思路走，可以想一下：有沒有相反的情況呢？有沒有作者未說明白的道理？這樣不斷獨立思考，逐步培養創造慾、探索慾，就能體會到創造的歡樂，提高學習的實效。

由於傳統力量和能力定式的作用，不少人容易對生活的各種現象習以為常，從而不會去打破那些能力的定式。而我們只有時時刻刻樹立問題意識，這樣才能不斷有所發現，從而找到創新的入口，得到巨大的收穫，相信這些會比發現蘋果中的「星星」有價值得多。

在思考問題的過程中，毋庸置疑，人們的觀念、能力和認識往往會受到原有知識、經驗的影響。這些已知的東西，有時會使解決常規問題更加方便、快捷、準確、有效，但在面臨新問題、新矛盾時，原有的知識和經驗有時卻派不上用場，而當人們一直陷於那種能力中時，那麼那些原有的知識和經驗，反而會成為創新的羈絆和阻力，以至於使我們陷入能力誤區，陷入能力定式中，對新問題、新矛盾一籌莫展。

所謂的創新就是要學會放棄，突破常規，跳出框框外去求新、求異、求變，放棄已知的東西，把心智的杯子空出來，好裝進新的東西，用全新的觀點新的角度去看待事物，那就是你自己獨有的，與眾不同的。正如法國生理學家貝爾納所說：「構成我們學習的最大障礙是已知的東西，而不是未知的東西。」如果哥白尼執著於托勒密的「地心說」就不會有「日心說」的產生；如果伽利略迷信亞里士多德的「落體理論」，就不會有伽利略「質量相異者同時落地」的理論；如果愛因斯坦把自己框定在牛頓的經典力學框架中，就不會有「相對論」的問世。

因此，當我們陷於已有知識的束縛中時，如果我們能夠跳出框外，擺脫傳統習俗和經驗規則的約束，進行另一番思考，就會有一片更燦爛的天空，如同鳥兒飛離了鳥籠，飛船掙脫了引力……此時我們就可以突破能力定式，啟發能力進行創新，那麼我們就能無所而不至。

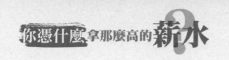

相反，假如我們陷入了能力定式，把能力定在那兒了，讓能力鑽了牛角尖，出不來，那我們的創新能力也就不可能展現出來，而這個能力定式產生的原因就在於我們的社會存在著一些權威，權威說過的，我們就沒辦法說別的了，於是能力就定在那兒，而這個權威有時候則會把我們引入一個誤區。

有一個小學的老師，對小學生出了一個考題。在一條船上有七十五頭牛，有三十二隻羊，問船長的年齡有多大。抽樣調查的結果，一個班有百分之七、八十，都是七十五減三十二，船長四十三歲，即七十五頭牛減三十二隻羊，船長四十三歲。而實際上呢，我們仔細想想，船長的年齡和那些給出的已知條件明顯是毫無關係的。可是在小學生的能力裡，老師出的題目肯定會有它的解法，於是他們開始動腦筋了，他們一相加，七十五加三十二是一百零七歲。一想一百零七歲能開船嗎？早就退休了。他們一除，七十五除三十二，二點幾歲。又一乘，兩千多歲，他們開始動腦筋了，那不是只有用減法了，於是七十五頭牛減三十二隻羊等於四十三，四十三歲這樣的答案就出來了，而這就是能力定式就定在那兒的結果。有一句經典的語言叫做「能力一旦進入死角，其智力就在常人之下。」所以，如果我們要想有創新能力，那麼就必須要把能力定式打破。而一旦能力定式被我們打破了，我們就必然可以得到一些創新性的東西，也必然可以得到巨大的經濟效益和精神效益。

日本的東芝電器公司一九五二年前後曾一度積壓了大量的電扇賣不出去，七萬多名職工為了打開銷路，費盡心機地想了不少辦法，依然進展不大。有一天，一個小職員向當時的董事長石阪提出了改變電扇顏色的建議。在當時，全世界的電扇都是黑色的，東芝公司生產的電扇自然也不例外。這個小職員建議把黑色改為彩色。這一建議引起了石阪董事長的重視。經過研究，公司採納了這個建議。第二年夏天東芝公司推出了一批淺藍色電扇，大受顧客歡迎，市場上還掀起了一陣搶購熱潮，幾個月之內就賣出了幾十萬台。從此以後，在日本以及在全世界，電扇就不再都是一副統一的黑色面孔了。

現在我們想想，只是稍稍地改變了一下顏色，大量積壓滯銷的電扇，幾個月之內就銷售了幾十萬台。這一改變顏色的設想，效益竟如此巨大。而提出它，既不需要有淵博的科技知識，也不需要有豐富的商業經驗，為什麼東芝公司其他的幾萬名員工就沒人想到、沒人提出來？為什麼日本以及其他國家的成千上萬的電器公司，以前都沒人想到、沒人提出來？這顯然是因為，自有電扇以來都是黑色的。雖然誰也沒有規定過電扇必須是黑色的，而彼此倣傚，代代相襲，漸漸地就形成了一種慣例、一種傳統，似乎電扇都只能是黑色的，不是黑色的就不稱其為電扇。這樣的慣例、常規、傳統，反映在人們的頭腦中，便形成一種心理定式、能力定式。時間越長，這種定式對人們的創新能力的束縛力就越強，要擺脫它的束縛也就越困難，越需要作出更大的努力。東芝公司這位小職員提出的建議，從思考方法的角度來看，其可貴之處就在於，他突破了「電扇只能漆成黑色」這一能力定式的束縛。

突破能力定式，換個角度考慮問題，一切「死結」也就迎刃而解，我們就能迎來柳暗花明的全新天地。司馬光打破常規，用砸缸的方式成功地救出落水玩伴；哥倫布磕破蛋殼成功地把雞蛋豎立在桌子上；美國小女孩橫切蘋果「意外」地發現神奇而美麗的五星圖案；香港一青年用刀劈開高爾丁死結頓然成為百萬富翁；袁隆平不迷信科學界所謂雜交水稻是天方夜譚的定論，堅持進行水稻雜交試驗，最終研製出水稻的雜交品種，讓占世界人口四分之一的中國人填飽了肚子，他也由此成為「雜交水稻之父」……所有的這些例子都說明了，只要我們敢於去打破常規，另闢能力的新徑，我們必然可以解決所遇到的所有問題，同時也可以讓我們不斷地去獲得進步，不斷地充實自己，不斷地對自己的腦子進行清洗，裝進許多新的東西，只有這樣，我們才可以不斷地朝成功邁去。

29. 發現問題，才能產生變革

如果你從肯定開始，必將以問題告終；如果你從問題開始，必將以肯定結束。

創新能力是創新的核心，而提出問題是判斷能力是否具有獨特性和創造性的一個重要依據。縱觀科學發展的歷史，不難發現科學進步的歷程就是人們在實踐中不斷提出問題、分析解決問題的過程，因而提出問題對創新能力的培養顯得尤其重要。而在提出問題，尤其是一個好問題之後，能夠為其找到一個好的解決辦法，也同樣是一個關鍵所在，但是只有在提出了一個好的問題之後，我們才會有目標，才知道往哪個方面去尋找好的方法，去達到什麼樣的目標，去實現自己的創新，因而可以說提出一個好問題就變得至關重要了。

晚年的愛因斯坦在總結數十年科學生涯的經驗後，感歎道：「提出一個問題往往比解決一個問題更重要，解決一個問題也許僅是一個數學或實驗上的技能而已，而提出新的問題、新的可能性，從新的角度去看舊的問題，卻需要創造性的想像力，並標誌著科學的真正進步。」愛因斯坦的這席話，道出了科技創新乃至個人創新的一條要則：提出問題比解決問題更重要。李政道也說過：「最重要的是提出問題，只有在提出一個好問題之後，我們才可以去想辦法解決問題，才會有一個好的創意。」

發現和提出問題，是解決問題的起點，是科學探索的發端。古往今來，有許多發明創造，都是從提出問題開始，進而在解決問題中獲取成功的。愛迪生是人類歷史上最偉大的發明家，他一生發明的東西有一千六百多種。有人無不誇張地說：「如果人類沒有了愛迪生，人類文明史至少要往後延遲了兩百年。」那麼愛迪生發明天賦從何而來呢？對他一生進行長期研究的專家指出，愛迪生的發明很多來自提問。正是愛迪生這種凡事都愛問個「為什麼」的能力方式，才為他以後的各種發明創造開闢了廣闊的天地。

不斷提出問題、解決問題，不僅對於科學的發展有著至關重要的作用，而對於各個國家去推進軍事領域的創新發展同樣具有重要的意義。美軍之所以贏得近幾場戰爭的勝利，從某種程度上講，與他們一些高級將領善於檢討總結問題有很大關係。越南戰爭美軍戰敗，美卻從中挖掘出精確打擊、超視距攻擊、機降突擊等新戰法，並逐步發展成為美軍基本戰法。波斯灣戰爭，美軍獲得壓倒性勝利，但並沒有盲目地沾沾自喜，對地面部隊部署過慢、反水雷戰能力不足、反彈道導彈能力有限等問題進行反省改進，並提出聯軍作戰和聯合作戰的新理論。科索沃戰爭美軍靠空中精確攻擊取得勝利，卻在總結中發現雷射制導武器在複雜地形和惡劣氣候條件下的不足，決心全力發展 GPS 制導武器。阿富汗戰爭美軍速勝，戰後總結認為至關重要的一點是特種部隊與空軍有效結合。可見，正是美軍具有這種「雞蛋裡面挑骨頭」的精神，而非陶醉在「勝利之師」的光環之下，才使自己成為新軍事變革的「先鋒」。正是這種善於發現並提出問題，同時將這些問題加以解決的精神，才使美國如今無論是在軍事方面還是世界上的強國。由此可知，一個國家如果擁有很多關於提出好問題，同時對這些問題進行很好解決的人的話，這個國家必然會有很多創新意識，而結果是這個國家必然可能一舉成為世界上的強國，可以不斷地發展。

英國著名哲學家弗蘭西斯·培根說過：「如果你從肯定開始，必將以問題告終；如果你從問題開始，必將以肯定結束。」這句充滿哲理的名言值得我們銘記。善於提出問題，是以對客觀情況的瞭解為基礎，是在對我們所提出問題的領域有著深刻瞭解的前提下，是建立在善於學習他人的長處的基礎上。在平時和工作中，主動地、有意識地培養自己提出問題和研究問題的習慣，不僅是克服頭腦簡單的一種方法，也是提高自己創新能力的重要途徑。

對於人類社會而言，其在不斷地創新中發展。一旦面臨危機，人類就會提出問題，然後積極地探索，想辦法來解決。因為只有這樣，人類社會才可以不斷地發展，才不會走向滅亡。同樣，對於企業而言，不斷地提出問題，並加以解決的話，這個企業才能夠在激烈的社會競爭中處於不敗之地。

在提出問題解決問題中創新，是深化改革、改進管理、充分發揮企業資源優勢的有效方法，是把握改革主動權、推動企業向前進的正確途徑。創新並不是坐在屋子裡空想，漫無目標地摸索。而是要針對經營生產建設的實際進行，以解決問題為出發點，有的放矢，從而取得實實在在的成績和事半功倍的效果。當公司遇到資源嚴重不足的問題時，提出了資源有限，創新無限的理念，大膽創新，轉變模式，透過合作、承包經營、技術輸出等多種方式，與地方政府合作，擴大資源掌控量的新措施，增強主業可持續發展能力，使企業煥發生機。

提出好問題的最棒、最快速有效的方法，往往就是緊接著前一個問題提出之後，或者跟在前一個問題的答覆之後提出來。仔細傾聽，然後提出一個開放性、有創意的問題，這是一種藝術，也是科學，這個方式可以很快、很有效率地促使對方採取更有遠見、更有效的行動。

我們知道問題問得好壞，直接影響著最後的解決方案及最後為自己所帶來的效益。問題問得越好，就越能看得更透徹，也越能獲得更好的解決方案，為自己帶來更大的利益。而我們要想問出比較高質量的問題的話，我們首先要做的就是在日常生活和學習中，遇事都要問個為什麼，不放過任何疑點，養成愛琢磨，愛鑽研，勤學好問的習慣。巴爾扎克有句名言：「問號是開闢一切科學的鑰匙。」發明創造始於問題，問題就是矛盾，有了需要解決的問題，才需要思考，學習才有主動性。能力是由矛盾引起的，問題是矛盾的表現形式，學習中提不出問題，是學習不深入的表現；能提出問題是肯於動腦的結果。現實生活中許多現象人們熟視無睹，而有人卻善於觀察，多問幾個為什麼，從而發現問題，有所創造。蘋果落地，誰也不在意，牛頓卻從中發現了萬有引力；水開了壺蓋被頂起，大家司空見慣，瓦特卻因此發明了蒸汽機……如果我們處處留心，像那些偉人一樣凡事能問個為什麼，那麼我們也就必然能有所發現，有所創造，我們也許也就可以成為下一個偉人。

職場力

朱熹在《朱子讀書法》中說得好，「讀書始讀未知有疑，其次則漸漸有疑，中則節節是疑，過了一番後，疑漸漸解，致融會貫通，都無所疑。」雖然這裡講的是懷疑，但我們都知道，有了懷疑之後，自然問題也就浮現出來了，而這時所提出的問題，基本上都應該是有針對性的，那麼在一定意義上也就是好的問題，然後透過自己的想法去找到一個好的解決方法的話，這就成為了一個創新想法。

在日常生活中，時時提醒自己不斷地去提出問題，找出矛盾，然後再去解決這些問題、矛盾的話，無論是對於個人還是對於社會而言，都會有極大的促進作用，帶來極大的利益，尤其是對於個人而言，會讓我們離成功之峰越來越近，會讓我們的價值更大。

30.打破陳規，走他人所未走

老跟在別人的屁股後面走路，即使也到達了目的地，那也不是真正的成功。

企業要想保持年輕，必須及時更換血液。新鮮的血液不再單純是員工的更換，機制的改革，更多的收益於領導層的創新能力上。而創新能力的展現就是想他人所未想，走他人所未走。

說起松下電器無人不知，松下集團在創業之初是憑借生產電插頭起家的，當時由於插頭的性能不好，產品的銷路大受影響。有一次一對姐弟的對話，給松下幸之助帶來了靈感。弟弟吵著說：「姐姐，你能不能快點開燈，我想看書？」姐姐哄著弟弟說：「好了，好了，我就快熨好了。」「老是說快熨好了，已經過了三十分鐘了。」姐姐和弟弟為了用電，一直爭吵不休。因為當時的插頭只有一個，姐姐要用來熨衣服，弟弟又想開燈讀書，兩人無法同時使用。

松下幸之助想：「只有一根電線，有人熨衣服，就無法開燈看書；反過來說，有人看書，就無法熨衣服，這不是太不方便了嗎？要是生產出同時可以兩用的插頭，那麼同時間不就可以做兩件事情了？」

透過認真的研究和分析，不久，松下公司就設計出了兩用插頭的構造。第一批試用品問世之後，很快就賣光了。因為兩用插頭當時僅此一家出售，所以訂貨的人越來越多，供不應求。為了提高生產量，松下集團多次擴大規模，增加工人。從此，松下幸之助的事業，走上穩步發展的軌道。如今松下集團已經發展成為世界著名的綜合型電子企業。想他人所未想之事，走他人所未走之路，這正是成功人士的寶典。

二〇〇六年，上海的廣告經營額佔全市GDP的百分之二十六，超過國家的標準水平百分之二以上。也就是說，上海的廣告產業已步入發達國家水平，且同步於社會經濟的整體發展，呈現出穩定攀升的健康發展趨勢。是什麼造就了上海廣告業的繁榮？

目前，大型LED顯示器和戶外視訊網路是戶外廣告的新寵，上海的廣告企業在這方面早已躋身世界一流。東方商廈的戶外電子顯示器號稱「世界第一」，兩百四十個LED單體顯示器、淨顯示面積近三百五十平方米，具有一百五十度的超大可視角度和兩公里的最遠處視距，即使在陽光下也能保證畫面清晰明亮。在發展方向上，上海的廣告企業更是想他人所未想，自創了不少引人注目的成果。譬如，分眾傳媒率先瞄準大樓視頻廣告，並為之制定了一系列行之有效的經營手段，不僅豐富了廣告市場的種類，而且成功地將這一廣告營運模式帶入美國，向世界展示大樓廣告的影響力。

企業家的創新能力間接地影響著一個國家的創新能力。當今企業家的核心職能就是要從繁雜的管理中走出來。只有企業家實現了創新的時候，才能稱得上是名副其實的企業家。

職場力

條條大路通羅馬，選擇一條他人未走之路，才能贏得更精彩。同樣道理，倘若總是跟在別人的屁股後面走路，即使也到達了目的地，那也不是真正的成功。所以，無論對於企業還是個人，創新能力舉足輕重，只有做到想他人所未想，走一條別人未探索過的新路，反而能找到一條通往勝利的捷徑。

31.堅持己見，做一個偏執狂

偏執，就是對正確理念的不懈堅持，對完美的不斷追求。一本「十倍速時代」的書，讓我們更深一步地瞭解了Intel公司創始人安德魯·葛洛夫及該公司的企業文化。

在Intel公司有一個非常流行的魚缸理論：當你把魚放在一個方形的容器裡，因為有死角，魚就會待在角落裡呆滯不動。但當你把魚放在一個圓形的容器裡的時候，魚會感到壓力，就會不停地游動，直到筋疲力盡。這個理論正是「只有偏執狂才能成功」名言的真實寫照。

正是葛洛夫，多次帶領著Intel走出困境，創造了每年給投資者平均百分之四十四以上的報酬率。他重新定義了Intel，使之從製造商轉變為業界領袖。

葛洛夫的巨大成就離不開他追求成功的偏執個性，更可貴的是他對待工作的嚴謹求實的作風。他認為很多人都善於說得頭頭是道，但身體力行者卻寥寥無幾，很多人總是自以為是地把新問題當做老問題來解決，不調查、不瞭解，忽視了問題的變化。因此，他總是不厭其煩地要求企業內各部門經理不要怕瑣碎和麻煩，要對外界的情況變化「瞭解、再瞭解」。他給人留下的印象始終是非常的執著，越是困難的問題，他越是努力尋找答案。

對於他所指的偏執，並不是一種怪誕的行為，更不是心理變態。他只是想告訴世界，但凡追求成功的人，都必須要具有兩個必備的特質，那就是對正確理念的不懈堅持，對完美的不斷追求。這需要極大的勇氣，需要執行者堅持地執著。葛洛夫用自己親身的經歷來告訴我們，只要去做到他所說的偏執，我們就必然可以如他一樣成功。而一個人一旦成為了思想上的偏執者，一旦對正確理念堅持不懈，執著地去尋求問題的答案的話，他就必然可以有自己獨特的想法，對社會而言必然會有所創新，但對他個人而言則必然會成功。

有一個雕刻家，自從愛上這一行後，從來沒有好好睡過一次覺。

每當有作品需要創作的時候，他的一日三餐僅是幾片麵包。清晨他從麵包店裡買來麵包，吃一個當早餐，剩下的就抱在懷裡。他爬到高高的梯子上工作，餓了便啃麵包充飢。

他本來並不是一個孤僻的人，但隨著從事雕刻工作的時間越長，他越來越無法跟人溝通。在創作的時候，只要有一個人在場，就會完全擾亂他的情緒。他必須要有一種與世隔絕之感，方能得心應手地工作。

他最大的痛苦不是創作不出滿意的作品，而是需要為生活瑣事忙碌。

他以前並不是一個追求完美的人，但到後來，他無法容忍自己作品出現些微瑕疵。一旦他在一件雕像中發現有錯，就會放棄整個作品，轉而另雕一塊石頭。

所以，他留給這個世界的作品很少。

他的名字叫米開朗基羅，一位天才的雕刻藝術家。

幾百年前一個下著雪的早晨，名聲威震歐洲的米開朗基羅很早就出門了。他在鬥獸場附近碰見了城裡教堂中的主教。主教驚訝地問他：「在這樣的鬼天氣裡，您這樣的高齡還出門上哪裡去？」

「上學院去。想再努力多學點東西。」他回答。

幾百年後的今天，我們可以想像，在那一天，他所在學院的其他學生們還在有火爐的房間酣睡，而一位風燭殘年的老人，卻不畏風寒的出門上學去。

人們常在問「成功是什麼？成功有無止境？」也許從米開朗基羅的故事中我們可以知道：「成功有時是一種偏執狀態的果實。」引用馬克·吐溫的話：「偏執者與神離得最近。」對於我們而言，做什麼事情如果都能達到癡迷忘我的程度、達到偏執狂的地步，那我們必然會有創新的能力、離成功也就不會太遠了。

舉凡世界上的偉人們，在當時無不被人們視為偏執狂，無不被人另眼相看，但他們卻同樣都是憑著自己的執著及決心，最終達到了自己的目標，取得了自己的成功。我想大家都知道林肯。在一本書上記載了關於他的故事，大致內容如下：

他是一位相貌醜陋，有著蹩腳南方口音的美國人，有過短暫的婚姻，最後又死於非命。他的一生充滿了坎坷和不幸，他只有過一次成功，但是這一次的成功讓他幫助了許許多多的人。

他的故事是這樣的：

二十一歲做生意失敗；

二十二歲角逐州議員失敗；

二十四歲做生意再度失敗；

二十六歲愛侶去世；

二十七歲一度精神崩潰；

三十四歲角逐聯邦眾議員落選；

三十六歲角逐聯邦眾議員再度落選；

四十五歲角逐聯邦參議員落選；

四十七歲提名副總統落選；

四十九歲角逐聯邦參議員再度落選；

五十二歲當選美國第十六任總統。

現在想想，也許正是因為他經歷了如此多的挫折之後，仍然能夠堅持下來，並且最終成為美國史上少有的受人尊敬的總統，為大家做了很多好事，所以對於他才會家喻戶曉吧。

職場力

同樣有許多人說過這樣的話：「為了成功，我曾試了不下上百次，可是就是不見成效。」但這句話是真的嗎？值得我們去相信嗎？如果真的要選擇的話，我想說的是他們並沒有試過上百次，甚至於有沒有十次都頗令人懷疑。或許有些人曾試過八次、九次，乃至於十次，但因為不見成效，結果就放棄了再試的念頭。

正如葛洛夫所說「我篤信只有偏執狂才能生存」這句格言，而他說的這句話不光適用於他的企業管理，同樣適用於生活和人生。偏執造成了不平衡。人類的發展過程總是在一個平衡被打破後形成一個新平衡的過程中完成，如果這種過程完成的次數越多，人的成長也就越快，而一個偏執的人就難於在某個平衡狀態中保持下去，因而他在連續不斷地打破舊平衡，形成新平衡，又打破舊平衡，又形成新平衡……如此不斷去進步，不斷去創新，從而不斷地走向成功。

32.超前意識，冷門變成熱門

中國有句古語：「凡事豫則立，不豫則廢。」說明在做任何事時，事先具有準備和預見是成敗的關鍵。

要具有正確的預見，就必須具備超前的能力，也可以說是超前意識。所謂超前能力，就是運用一種高智能的眼光，多角度、全方位地分析事物的歷史和現狀，把握未來的發展趨勢，獲得常人不能得知的訊息，從而提前作出正確決策，取得事業成功的能力。有了超前意識，就能有所創新，創造出現在沒有的東西，讓思想突破現有的牢籠。

有人說，能預知三天之後發展變化的人，是聰明的人；而能預知三年之後發展變化的人就是偉大的人。只有想在他人前面，才能做在他人前面。在充滿競爭的當代社會裡，只有「超前」，才能把握時機；只有超前，才能獲得發展；只有超前，才能使自己立於不敗之地。

美國有一家規模不大的縫紉機工廠，在第二次世界大戰中生意蕭條，工廠主人傑克看到戰時百業凋零，只有軍火是個熱門，而自己卻與它無緣。於是，他把目光轉向未來市場，他告訴兒子，縫紉機工廠需要改行。

兒子問他：「改成什麼？」

傑克說：「改成生產殘障人士用的輪椅。」

兒子當時大惑不解，不過還是遵照父親的意思辦了。經過一番設備改造後，一批批輪椅問世了。隨著戰爭的結束，許多在戰爭中受傷致殘的士兵和平民，紛紛購買輪椅。傑克工廠的訂貨者絡繹不絕，該產品不但在本國暢銷，連國外也來購買。

傑克的兒子看到工廠生產規模不斷擴大，財源滾滾，在滿心歡喜之餘，不禁又向其父請教：「戰爭即將結束，輪椅如果繼續大量生產，需要量可能已經不多。未來的幾十年裡，市場又會有什麼需要呢？」

老傑克胸有成竹的反問兒子：「戰爭結束了，人們的想法是什麼呢？」

「人們對戰爭已經厭惡透了，希望戰後能過上安定美好的生活。」

傑克進一步指點兒子：「那麼，美好的生活靠什麼呢？要靠健康的身體。將來人們會把身體健康作為重要的追求目標。所以，我們要為生產健身器材做好準備。」

於是，生產輪椅的機械生產線，又被改造為生產健身器材。最初幾年，銷售情況並不太好。這時老傑克已經去世，但是他的兒子堅信父親的超前意識，仍然繼續生產健身器材。結果就在戰後十年左右，健身器材開始走紅，不久便成為熱門商品。當時傑克健身器材在美國只此一家，獨領風騷。老傑克之子根據市場需求，不斷增加產品的品種和產量，擴大企業規模，終於使傑克家庭進入到億萬富翁的行列。

一個規模不大的縫紉機工廠，在不到十年的時間內，就躋身進入了億萬富翁的行列，而從這個工廠的發展史中，可以知道，正是由於傑克有著超前意識，在超前意識的引導下，不斷地進行創新，從而也為他帶來了利益。

不僅是在工廠的發展中，需要有著超前意識，其實在我們生活的各方面中都需要我們有著超前意識，只有這樣，我們才可以擺脫如今的能力定式，去有所創新。而這種超前意識，在科技領域中就顯得尤為重要了。人們曾幻想能夠插上翅膀飛上藍天，根據這種超前能力表現出的幻想，美國的萊特兄弟努力觀察研究，終於創造出了雖然簡單但能夠飛上天的第一架飛機。法國科幻小說家德勒·凡爾納在他的科幻小說中描述出當時還沒有出現的潛水艇、導彈、霓虹燈、電視等，這些在不久以後都逐漸成為現實。「嫦娥奔月」是中國古代一個美麗的神話傳說，古今中外還有許多作家都創作出了以人類飛向月球為題材的故事，這個人類的夢想終於在六〇年代末被實現了，美國的「阿波羅」號太空船登上了月球。美國工業設計師諾曼·貝爾·蓋茲一九四〇年在「建設明天的世界」博覽會中，代表通用汽車公司設計了「未來世界」展台，為未來的美國設計出環繞交錯、貫穿大陸的高速公路，並預言：「美國將會被高速公路所貫穿，駕駛人不用在交通號誌前停車，而可以一鼓作氣地飛速穿越這個國家。」儘管當時有許多人對此表示懷疑，甚至提出反對意見，但這一預言現在已變成現實。高速公路以其安全、快速、實用的功能和美觀的造型遍佈全世界，為大自然增添了一道獨特的景觀……以上的例子還有我們身邊所發生日新月異的變化，我們把他們歸結為什麼呢？毫無疑問，肯定是由於我們所具有的超前意識，讓我們去想像當今世界上所沒有的東西，人是一個好奇的動物，當有了想像之後，就會努力去把它們實現，而這也就成為了我們人類社會不斷有所創新的根源。

人類社會五光十色的研究成果，無疑都是超前能力的偉大豐碑。齊奧爾科夫斯基從當時的氣球飛行前瞻未來，以超前能力譜寫了「星際航行三部曲」，提出了多級火箭宇宙空間飛行的設想，為世界航空事業的突飛猛進發展架構了橋樑；盧瑟福超越研究放射性原理，探索出了原子分裂的過程和基本結論，為後人順利邁進核子門檻奠定了基礎；貝爾德出於對電子技術的好奇，著魔似的迷上了電視發明，終於使人們的視線帶來了五彩繽紛的世界……回顧世界科技發展史，牛頓的經典力學，愛因斯坦的相對論，普朗克的量子理論，孟德爾的遺傳學說，李政道、楊振寧的「宇宙不守恆假說」等，這些都是超前能力的碩果。上述事例充分說明了這樣一個道理，超前能力往往能使創新的創造性和先進性實現完美統一。

中國古語有云：「天時」、「地利」、「人和」，缺一不可。也就是我們經常說的：需要正確的人、在正確的時間、正確的地點做正確的事情，才能夠得到最正確的結果。

我們知道，生存的價值和品質是由我們所做的事情決定的，要成為正確的人，就要看此時此刻我們是否在做正確的事，我們是否能把握歷史和地理交會的這個時空、這個點，盡我們最大的努力去做真正有價值的事，提高我們生命的品質。此時此刻我們所做的事，就決定了我們的生命是留在原地還是邁向未來。

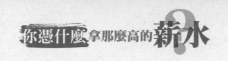

舉個例子，假設現在正是二〇一〇年一月一日，地點在台北。從歷史的軸線上看，假設二〇〇五年的經營失誤造成了事業上的失敗。但是當社會已經進入到二〇一〇年了，如果我們的經營意識、生產設備還停留在二〇〇五年的狀態，那就說明我們的思想仍然是停留在二〇〇五年。五年之間我們的事業和生活沒有獲得任何的改善，沒有取得任何大的進步，那麼即使我們生存在二〇一〇年的現在，我們的生命實際上還是停在二〇〇五年，可以說我們浪費了五年的生命。許多人內心的矛盾就在於，雖然瞭解到時間在往前邁進，卻讓自己活在過去，因而一直受到過去的挫敗和麻煩的束縛。這往往成為一個人追求新的成功的最大障礙。

相反的，如果有人已經在能力的模式和行動上超過了現在的年份，那麼他就將取得超越其他人的巨大成就。以新力索尼公司為例，它的市場行銷計劃更是已經做到了二〇五〇年。我們可以想見，屆時世界上的很多科技進步和先進的娛樂產品都會出自索尼公司。

職場力

對每一個人來說，最重要的不是我們現在處身於何處，而是我們的想法在哪裡，我們的生活方向在哪裡。只要我們有了超前意識和能力，我們就會有所創新，才能帶來更大的利益。以上兩種能力上的無形差距將導致完全不同的現實結果。

超前意識和能力使我們成為整個社會發展的前驅和帶領者，所以我們不要讓時間成為競爭的界限或者是障礙，必須要超越時間獲得更大的生活和事業上的成功。

所以每個人都該記住，面對生活，我們要讓自己擁有最開闊的心胸、最長遠的眼光、最超前的行動力。具有超前意識，我們才可以讓自己的人生不斷邁向更高的人生階梯。

你憑什麼？

Chapter 6

管理有方預測市場——

經營能力

在競爭日益激烈的今天，
生活中商機無處不在，無時不有，
然而如何正確經營才能取得財富與成功呢？
管理有方就是其最重要的致勝因素，才能使基業長青。
經營是商品經濟所特有的範疇，
是商品生產者的職能。

33. 把握市場，預測表現功力

人要看多遠而走多遠，而不是走多遠看多遠。

如今的市場如戰場般硝煙滾滾，誰佔據訊息優勢，預測到了市場未來的發展趨勢，就是提前佔領了市場，誰就是霸主。相反，看不到未來的發展，走一步算一步，即使有些少許的成就，也會功虧一簣，直至滅亡。在商場上，誰有眼光，誰能夠看到趨勢，誰能夠高瞻遠矚，誰就能「早富」、「大富」。

世界首富比爾．蓋茲的經歷想必大家都有所耳聞。微軟的生存和發展的每一個步驟與策略，都在顯示著要把握市場發展趨勢這一鐵的規律。比爾．蓋茲回憶他的創業歷程時提到，當時《大眾電子》上提及「世界上第一部微型電腦，堪與商用型號相匹敵的牛郎星研製成功」的消息給了他創業的靈感和激情。因為他一直關注電腦晶片及微型機的研製工作，也試圖製作過自己的電腦，因此這個消息讓他清楚地預感到那些PDP8型的小型機快要被市場淘汰了，而機會就擺在他的面前。此外，一些較大的公司已開始使用大型電腦進行現代化辦公，蓋茲預感到電腦已經不再是科研的專屬了，電腦將劃時代地走入家庭生活和個人娛樂中，將來的世界必將是電腦引導下的訊息時代。

於是他和他的戰友率先的開始了為個人電腦開發軟體。微型電腦研製成功以後，微軟的戰士們深刻地體會到這種電腦操作的複雜性和難接受性，這種電腦最大的弊端就是在於缺乏支持其運行的語言。針對這個缺點，他們在哈佛阿肯電腦連日工作，終於為新電腦配上了Basic語言。他們預測到了軟體對於電腦硬體無法代替的意義，因此用心地研究軟體的開發，為此開闢了PC軟體業的新路，也為軟體標準化奠定了基礎。後來微軟公司瞭解到IBM也在尋求操作系統的軟體支持，於是他們搶先獲得了一種個人電腦操作系統的許可證，一九八一年在經過軟體升級以後，以MS-DOS為名推向市場。微軟的操作系統軟體便借助IBM的力量，從此銷售量猛增，成為軟體業的新興霸主。

不過 MS-DOS 操作系統是透過鍵入命令，給電腦提供各種指令才能使電腦執行各種應用程序。複雜的機器指令使普通人望而卻步，所以電腦的普及比較緩慢。比爾·蓋茲預感到微軟必須研發出一種普通人可接受的操作系統，才能跟上市場的要求。一九八五年，微軟終於成功地推出了「Windows」操作系統，不再需要複雜的機器指令，普通人便可直接操作的桌面系統，為微機走入家庭掀開序幕。一九八七年以後，微軟的「Windows 1.0」已經不再滿足軟體市場的要求。比爾·蓋茲仔細地研究了市場發展的趨勢，預測到更人性化，更簡單、快捷的軟體系統將是市場的主力，於是微軟繼續推進 Windows 操作系統的研製工作。直到一九九〇年，終於成功地開發出 Windows 3.0 操作系統，成為軟體業中不可代替的先驅，最終在市場上贏得了無法動搖的霸主地位。

可見，預測能力的優勢正是在於它的「提前效應」上，萬事比別人快一步，其收穫比別人好一百倍。同樣的發展策略，有的公司獲得萬利，有的公司利潤卻很少，關鍵就是這個市場預測，比別人做得早，才能做得好。第一個開發的人，不僅僅是勇敢者，是英雄，更是有頭腦的人，成功的人。

所以只有帶著望遠鏡看市場，才能夠在瞬息萬變的競爭中把握機遇。早走一步一直是微軟成功的祕訣，所以當採訪比爾·蓋茲時，他總是意味深長地說，道理很簡單，誰最先把握住了市場發展的趨勢，就意味著誰佔有了市場，所以與其說比爾·蓋茲是創業家，不如說是市場預言家。

很多人也許都在感歎為什麼那些成功的人運氣如此好，投資什麼，什麼就有好市場。事實上好的市場都是提前有跡可尋的，關鍵是你是否有一顆明亮的眼睛和聰慧的心去提前探究市場的發展趨勢，尋找市場未來運行的軌跡。有了這樣的預測能力，市場的變動便在你的預料之中，各種機會便是你的囊中之物了。

職場力

如何培養正確的預測力是困擾每一個人的難題。事實上，未雨綢繆，做好預測沒有想像中的那樣困難，同時它也不是一件輕易就能獲取的能力，它需要我們在做事之前付出大量的勞動，沒有充分的準備是不可能作出科學的預測的。那麼我們需要如何把握市場的發展趨勢呢？

要全面瞭解對方的訊息，這其中包括對方的背景、實力、環境、優勢、劣勢等訊息，做到知己知彼是培養預測能力的第一步。除了要瞭解對方的固定訊息外，還要洞察一些市場變化，時刻關注雙方力量的彼長此短，做到心中有數才能有效預測。

34. 搶佔市場，打造好競爭力

商場如戰場，戰場無父子。

如果你是一個細心的人，那麼你可能會輕易地發現，你用的飛柔、海倫先度絲、潘婷、歐蕾、幫寶適、蜜斯佛陀、沙宣、威娜等日用品，竟然都是出自於同一家公司——寶潔。為什麼選用寶潔？你可能無奈地搖搖頭，表明你也曾想過不買寶潔公司的產品，可是沒辦法，市場上隨意選出一個牌子，都可能是寶潔公司的產品。不可否認，在無形之中，美國寶潔公司的產品已經穩若泰山般地佔據了日用消費品的市場，它的競爭力強大到市場多半都是它的產品，消費者隨處可見到它產品的影子，即使你想支持國貨，可是你卻發現在日用消費產品中，你無從選擇。

早於一九八〇年，寶潔公司就已發展成為全美最大的跨國公司之一。它透過收購各種相關企業，不斷地壯大自己的力量。為了充分發揮跨國公司的優勢，寶潔建立了全球性的研究開發網絡，研究中心遍布美國、歐洲、日本、亞洲等地。寶潔的幫寶適、飛柔、潘婷、歐蕾、蜜斯佛陀、沙宣等成為全球知名的品牌，成為市場上的佼佼者。

寶潔從進入亞洲市場以來，至今已有二十個年頭了。漫步任何一家大型超市或者洗滌用品中心，寶潔產品總是接連不斷地出現在我們的眼前。寶潔公司目前在亞洲國家銷售的產品非常之多，在日用品市場更可說是無孔不入，無堅不摧。它的競爭能力甚至使我們消費者也覺得我們根本沒有理由不選擇寶潔。

在日用品業可以和寶潔一比高下的便是聯合利華（旁氏、康寶、立頓、熊寶貝、白蘭、麗仕、多芬……）。如果說寶潔旗下的每個品牌都以不斷創新，不斷優化組合見長；那麼聯合利華則以發掘潛在市場，滿足本土消費者的需求取勝。同時，寶潔結合產品、價格、渠道以及地點等因素靈活多變地制定相應促銷策略，從而提高競爭力，搶佔市場份額；而聯合利華則更注重從產品生命週期角度來選擇差異化促銷方式。因此，它們各自為消費者提供著不同的好處，保持著各自的吸引力和競爭力。只有競爭，才能產生源源不斷的動力；只有角逐，才能保持貨真價實的品質。就像可口可樂與百事可樂、麥當勞與肯德基一樣，在日用消費品行業，寶潔和聯合利華就是這樣一對冤家。

「為什麼選用寶潔」這個問題並不是要問消費者的，更多的是問給競爭力相對薄弱的那些企業的，我們需要認真分析寶潔公司之所以擁有如此強大的競爭力的原因，學習它，效仿它，才能壯大自己的競爭力。

那麼競爭力是如何提高的？首先，寶潔公司是非常注重消費者的。為深入瞭解亞洲消費者，寶潔公司建立了完善的市場調查研究系統，開始消費者追蹤並嘗試與消費者建立持久的溝通關係。寶潔公司在亞洲的市場研究部建立了龐大的數據庫，把消費者意見及時分析、回饋給生產部門，以生產出更適合亞洲消費者使用的產品。

同時，寶潔公司在全球率先推出了品牌經理制，實行一品多牌、類別經營的策略，在自身產品內部形成競爭，單個品牌的競爭力提高，也會導致整體競爭力的提高，這使寶潔產品在日用消費品市場中佔有絕對的領導地位。此外，寶潔公司每年的廣告宣傳費用佔全年銷售總額的八分之一，其廣告覆蓋面幾乎遍及人們生活的各個角落。廣告效應帶來的成果是巨大的，這就無形之中讓寶潔旗下的眾多品牌走入了人們的生活，寶潔的產品佔據不僅僅是市場，甚至是消費人群的生活。

競爭力是對象在競爭中顯示的能力，它不是一個固定數字，相反它是一種隨著競爭變化著的，又透過競爭而表現出來的能力。可以這麼說，並非大企業的競爭力就一定強於小企業的競爭力。很多案例表明，反而是那些新興的小企業，擁有著新鮮的血液和無窮的活力，顯示出蒸蒸日上的競爭力，慢慢地替代掉那些衰老的競爭對手。所以，無論是新興型企業還是成熟型企業，在面對競爭力的問題時，都應該保持一種不卑不亢的態度，把更多的精力放在如何提高自身競爭力上，從而躲開被市場淘汰的命運。

職場力

在市場競爭中，企業之間的鬥爭是殘酷的，爭個不是你死就是我活的案例也不在少數。很多相對薄弱的企業或許在競爭力還未強大的時候，就已經夭折在搖籃中，輸在了起跑線上。所以對於那些實力並不強大的企業而言，必須先學會保護自己。留得青山在，不怕沒柴燒，只有穩住了腳跟，才能進一步智取競爭力，然後逐漸地從競爭對方手裡搶來市場。

競爭力的培養不是單方面的，一個成功企業的競爭力來源於各個方面。但是無論從哪一方面著手，我們要的是最終的結果，就是對市場份額的佔領。永遠不能忽略，競爭力最重要，佔領市場才是硬道理。

35.模仿複製，跟上市場腳步

對於人類而言，最擅長的一件事便是模仿。

我們每個人都與生俱來地具有某些天賦或素質，它們使我們成為獨一無二的人。一些人成為了偉大的舞蹈家，有一些人的舞步卻不合節拍；一些人有藝術天分，有一些人毫無發現美的眼睛；但在模仿方面，可以說人人都是天才，不學自通。

從牙牙學語開始，我們便開始顯現出超強的模仿能力。嬰兒時代，我們模仿語言、行為、表情；進入學校後，我們透過模仿字母來學會閱讀和寫作；如果你接受的是西方教育，你會模仿從左到右的閱讀習慣，如果你在亞洲的某些地區受教育，你會模仿從右到左地寫字；工作後，我們跟著師傅學習，模仿師傅的技巧來從事生產建設；在外地定居，我們模仿本地人的口音、生活習慣，我們的入鄉隨俗和天生的模仿能力才可以讓我們更加適宜在當地生活。在競爭激烈的市場中，我們依然需要這樣的模仿能力，對成功企業的模仿可以減輕我們的負擔，節約我們的時間，是我們快速跟上市場腳步的捷徑。

「依樣畫葫蘆」如今已不再是單純的貶義詞了，相反，學會模仿，從模仿起步反而成為一種高效的起步。模仿階段成為絕大多數初涉市場的人不得不經歷的一個階段。做一件產品，一開始他們都是從複製、對照開始做起，然後再加入自己的特色。很多人也許不以為然，模仿是一個多麼令人羞恥的事情啊。要是持有這種想法，想必是有點極端主義。沒有一個人天生下來就是無所不通的，比如說話，比如走路。我們選擇以模仿開始，才能在掌握了基本本領以後，紮穩腳跟，自己去嘗試創造新生事物。

模仿力是人類天生的一種能力，運用模仿來解決問題是一種借鑑他人的經驗來獲得自身成功的方法。因此，更多時候，模仿能力的落實過程就是給我們一個巨人的肩膀看世界的過程。模仿能力猶如一把梯子，借助於它，我們才能爬上巨人的肩膀，從而擁有更大的視野。

全球最大的零售商沃爾瑪在中國市場上的瘋狂擴張給國內零售業帶來了無比猛烈的衝擊，媒體紛紛喻之為「狼來了」。而這隻「狼」的一系列舉動也使我們將關注的目光集中到了它的創始人——山姆·沃爾頓身上。美國作家福利森在《如何成為億萬富豪》中指出，要成為富豪，其中一大祕訣就是臉皮要鍛鍊得很厚。不要狹隘地把它理解為諷刺或者貶義，山姆·沃爾頓也曾經說過：「其實我做的每一件事的方法都是從別處學來的。」

善於模仿和學習的成效是巨大的：《財富》雜誌從一九五五年開始評選世界五百大企業的時候，沃爾瑪還不存在。半個世紀後，沃爾瑪成為雄踞世界五百大榜首的零售業巨頭。在二〇〇三年九月公佈的《富比士》富豪榜上，沃爾瑪公司的五個沃爾頓以兩百零五億美元的身家並列第四，直逼以兩百二十億美元排名第三的微軟創始人之一保羅·艾倫，同時以一千零二十五億美元的總資產，遠超排名第一的比爾·蓋茲四百六十億美元的財富總額，是名副其實的世界第一財富家族。

許多人能解決問題或是獲得成功，都是在模仿的基礎上進行創新，並加入自己獨特的元素，從而將原本屬於他人的創意變成了自己的創意，這就是站在巨人的肩膀上，利用自己的高度。

在二十多年前，美國報紙曾經以「一個針孔價值百萬美元」為大標題，競相報導一個小發明，而這個發明就是透過嫁接性模仿來獲得的。當時，美國製糖公司每次把糖輸出到南美時，砂糖都在海運中變得潮濕，損失很大。為了克服這個缺點，他們花費了許多時間和金錢，邀請專家從事研究，但始終找不出一個良好的方法。

後來公司的一名員工想出了對策。他在糖包裝盒的角落上戳了幾個針孔，使它通風，從而實現了防潮的目的。從此以後，橫渡大西洋運輸的糖再也沒有因潮濕而損失慘重了。後來一個聰明人聽了這消息之後，立刻有了靈感。他也模仿那個員工在很多容器罐上戳出洞來觀察效果，最後終於發現，在打火機的火芯蓋上鑽個小孔很有價值。普通打火機注一次油只能維持十天，打孔之後，卻能一次注油保持五十天之久。於是他向政府申請專利，然後開始大量生產帶針孔的打火機，結果銷路極佳，賺取了大量的財富。

如果沒有這樣一個嫁接性模仿的能力，這個聰明人也是不會擁有這個創新成果的。所以我們提倡一種模仿的理念：當你發現好的想法、經驗時，你完全可以借鑑，在理解、創新之後，將其變成自己的東西。

當然，即使站在巨人的肩膀上，也不代表一定可以摘到高處的蘋果，你也需要根據現實條件和自身優勢審時度勢。也就是說，模仿別人已有的成功辦法是要結合自己的實際情況的，不能生硬照搬，不然就成了「東施效顰」。模仿別人，必然要在模仿中有創新。正如齊白石老先生教育學生時說過：「學我者生，似我者死。」其實，有了巨人的支持，只要我們稍微有所創新的加入一點自己的特色，就猶如錦上添花般絢麗。

職場力

有一次，安東尼．羅賓與美國陸軍簽訂協議，幫助陸軍進行射擊訓練。他找來兩名神射手，研究他們在心理及生理上的異人之處，建立正確的射擊要領。隨之對新手進行僅僅一天半的課程訓練。課後進行測試，大出美國陸軍指揮官所料，竟然在短短一天半的時間內，所有新兵的射擊都及格了，而且列為最優等級的人數竟是以往平均達到人數的三倍多。

美國陸軍指揮官驚異地問安東尼．羅賓到底用了什麼神奇的策略，安東尼．羅賓笑了：「我讓他們借用了神射手的眼睛而已。」

可見，成功最重要的祕訣，便是善於模仿，瞭解成功者的思考模式，向成功者學習，綜合自己的優勢，做成功者所做的事情。連世界上最偉大的科學家牛頓都要借助巨人的肩膀，為什麼普通的你不嘗試一下呢？

36.合理經營，成為市場贏家

兩個企業，即使有著相同的資本，相同的發展背景，相同的員工素質，但是幾年下來或許依然有著截然不同的發展結果。

企業的營運情況，與管理層的經營能力密切相關。領導者的經營能力和策略方向直接影響著企業的發展。所以很多企業在優良的經營能力的帶領下奇蹟般地復活了；而有的企業卻逐步地退出了歷史舞台，被市場無情地淘汰掉。

中國大陸服飾品牌美特斯·邦威已經深入年輕一代的消費圈，它的創始人周成建大膽的創新嘗試，卓越的經營能力使美特斯·邦威從一個不知名的小品牌，逐漸壯大到今天的程度。

一九九五年五月美特斯·邦威第一家專賣店開業。隨後，美特斯·邦威的加盟店數量以驚人的數量增長。周成建一鼓作氣，又把借助外力的模式也用到銷售環節，大膽地採取特許連鎖經營策略。

在這種經營策略下，加盟商根據區域不同，每年分別向美特斯邦威繳納五萬到三十五萬元的費用，所有加盟店實行「複製式」管理。在市場自由競爭的環境下，這種經營策略表現出了很大的優勢，在短短數年中實現了產品市場的快速擴張。

周成建卓越的經營能力，不僅表現在他的經營策略上，也表現在了他創建的「虛擬經營」管理模式上。在周成建的倡導下，美特斯·邦威集團用二百多人的管理團隊，代替數千人也難以完成的服裝工廠化，在服裝行業首次完成了「虛擬經營」管理模式。

面對美特斯·邦威的虛擬經營模式的成功，周成建笑談道：「當時這條路也沒有現在這麼清楚，我是初生之犢不怕虎，只想換一個做法。在這個過程中，我們是在不斷地適應、不斷地變化，從而摸索出了適合自己生存的方式。」「虛擬經營」管理模式是美特斯·邦威發展歷史上最精明、也最為重要的「一步棋」，這是在前無古人和前無借鑑的路上，第一個成功實施虛擬經營的企業。毫無疑問，這些顯赫的成績與周成建本人的商業眼光和經營能力是無法分離的。

有記者曾問周成建：「『虛擬經營』管理模式到底是偶然的成功還是必然的成功呢？」周成健說：「我認為任何事情沒有必然就沒有偶然，所以作為任何一個企業，作為任何一個人，你不管面對的是什麼樣的企業，從事什麼樣的產品，關鍵是作為指揮者，你要對你的經營路線有一個全局的把握，你的意義在於能夠協調各個部分和諧的配合，成為真正的團隊運作。」

周成建的成功向我們生動地了展示出了經營能力的內涵。高水平的經營能力就是根據你的企業特色，為其尋找出一條合適的發展渠道和經營模式，讓企業的各個組成部分協調運轉。

在過去二十年中，戴爾電腦公司所採用的商業模式被評為世界上最好的商業模式之一，而它的指揮者——麥克·戴爾也作為當代典型的經營高手而備受商業媒體的關注。雖然麥克·戴爾沒有較高的學歷，但是他創立的公司卻穩當地生存於激烈的電腦大戰中。其實，麥克·戴爾真正有影響的能力並不在技術方面，而是在商業方面。早在八〇年代初，他就開始關注個人電腦生產企業的工作模式，試圖尋找到一種更好的經營管理方式。事實證明他成功了，他的「取消中間人」的經營策略免除了大量不必要的成本，繞過了經銷商，向客戶直銷使人們可以更低的價格買到自己想要得到的電腦。

戴爾電腦公司可以從消費者那裡直接拿到訂單，接下來自己購買配件組裝電腦。這就意味著戴爾電腦公司無須工廠和設備生產配件，也無須在研發上投入資金。消費者得到了產品，而戴爾公司也贏得了利潤。

職場力

如果你仔細分析過如今叱吒市場的人物，那麼你就會發現他們共同的特點——企業唯有在他們的合理經營下才生龍活虎。他們卓越的經營能力或許表現出不同的戰略方案，不同的經營理念，但是成果卻總是顯赫的：有的企業起死回生；

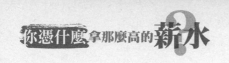

有的企業更加欣欣向榮。

可見作為一個企業領導者，經營能力是最不可缺少的。你必須站在一定的高度上審時度勢，能夠規劃出合理的經營戰略，從而經受得住這個市場中的各種衝擊。

37. 運籌帷幄，做到全面佈局

唯有合作才能達到事半功倍的效果。

企業作為社會的一個成長基礎，無時無刻都處於錯綜複雜的矛盾和縱橫交織的網絡之中。作為管理者尤其要精於協調，要從全局著眼來處理各方面的事務及關係，平衡各種利益衝突，否則，企業的經營環境將不堪設想。實際上，協調能力是經營能力的一個具體表現，它是管理者能夠兼顧各方面的事務及關係的能力。

在經營企業的過程中必須十分重視各方面的協調，尤其在協調上下關係方面，如果上級安排的工作與下面情況發生矛盾，管理者就要主動地把上級安排的工作與實際情況結合起來，及時提出有效方案，保證兩頭都滿意。特別是在公司內部，把不同性格、不同類型的人團結在一起，同心協力建設發展。我們可以瞭解：優秀的管理者一方面能夠兼顧各項工作，使各項工作有條不紊地進行，互不干擾，甚至互相促進；另一方面必須具備協調各部門、各單位之間關係的能力，平衡利益衝突，使大家朝著共同的目標前進。

協調的另一個重要的表現就是合作——使其下屬的各個部門以心志的統一、力量的統一來共同追求某一特定的目標。唯有合作才能達到事半功倍的效果。一根筷子是很容易被折斷的，但當我們把幾十根筷子放在一起時，卻很難把它們折斷。由此可見，協調各個部分成為一個整體，才能使企業無堅不摧。

我們經常會注意到大雁以V字形飛行。大雁定期變換領導者，因為為首的雁在前頭開路，能幫助其左右的雁群造成局部的真空。科學家曾在風洞實驗中發現，成群的雁以V字形飛行，比一隻雁單獨飛行能多飛百分之十二的距離。人類亦如此，只有懂得協作，才能「飛」得更高，更快，更強。對於企業而言，領導者的協調能力成為不敗的法寶。合作無處不在，同事的合作，上下級的合作，各部門的協調與合作，正如八大行星相互依賴，缺少誰都會帶來巨大災難。

眾所周知，士兵如一盤散沙，則戰爭必敗。歸咎戰敗的原因，是將軍的失職。作為一個指揮者，無法使其融合為一個整體，沒有統籌規劃，沒有協調各部分的合作，只能以失敗收筆。商場如戰場，而協調就如久旱逢甘霖，能化干戈為玉帛。成功經營一個企業就是要協調各個部分各盡其責，培養出他們的團隊意識，願意為共同的目標而努力。

微軟在比爾·蓋茲的領導下成為世界第一軟體公司，除了一流的軟體聞名於世，它的上上下下完整如一的協調性也成為軟體行業矚目的焦點。例如在Windows 2000這些產品的研發中，微軟公司有超過三千名開發工程師和測試人員共同參與，倘若沒有領導者縱觀全局的調控能力，這項工程是無法順利地完成的。

職場力

總之，經營好一個企業就是協調好一個企業的各個部分。培養自己的協調能力是成功人士不敗於市場的靈丹妙藥。越是到關鍵時刻，各個部門統一協調的優越性越需要有最大的展現。一個優秀的運動員懂得協調身體的各個器官，同樣道理，一個優秀的經營者懂得協調企業的各個部門。

38. 善於炒作，喚起品牌意識

炒作一定要保持新鮮，打鐵趁熱。

炒作本身是企業提高品牌知名度的一種有效策略。恰到好處的品牌炒作不僅可以提高知名度，而且可以提高美譽度。

營銷界有這樣一個有趣的故事：富商奧力姆和他的朋友瑪迪，一起來到一座城市。奧力姆對瑪迪說：「你知道嗎，這座城市曾經救過我年輕的性命。那一年我從這裡路過，突然急病發作，昏倒在路旁。是這座城市裡最善良的人們把我背到醫院，又是這座城市裡最高明的醫生為我治好了病。我不知道誰是我的救命恩人，因為他們都沒有留下自己的姓名。後來我離開了這座城市，隨著財富的增加，我越來越思念這座城市，越來越想報答我的救命恩人。」

「那麼，你準備為這座城市做點什麼呢？」

「把我最珍貴的三顆寶石，奉送給這裡最善良的人們。」

第二天，奧力姆就在自己門口擺了一個小攤，上面擺著三顆閃閃發光的寶石。奧力姆還在攤位上寫了一張告示：「我願將這三顆珍貴的寶石無償送給善良的人們。」可是，過往的行人只是駐足觀望了一會兒，然後又各走各的路去了。

整整一天過去了，三顆寶石無人問津。

整整兩天過去了，三顆寶石仍遭冷落。

整整三天過去了，三顆寶石還是寂寞無主。

奧力姆大惑不解。瑪迪笑了笑說：「讓我來做一個試驗吧。」

於是，瑪迪找來一根稻草，將它裝在一個精美的玻璃盒裡。盒中鋪上紅絲絨布，標籤上寫著：「稻草一根，售價一萬美元。」

此舉一出，立刻產生轟動效應。人們爭先恐後，前來詢問稻草的非凡來歷。瑪迪說此稻草乃某國國王所贈，系王室家中傳家之物，保佑著主人的榮華富貴。

結果，稻草被人以八仟美元買去。而那三顆寶石卻依然擺在地上無人索要。

從這個故事中，我們深刻地體會到了炒作的效果。在這個廣告縱橫的經濟時代，炒作成為你的產品是否能走上市場不可缺少的那陣「東風」。

提起ZIPPO恐怕男人們都會驕傲地笑，據說ZIPPO打火機在二戰戰場上替一名士兵擋了一粒子彈，救了士兵的命，還能夠繼續使用，而那個擋了子彈的打火機後來被收藏在ZIPPO品牌的博物館裡；另一個關於ZIPPO的炒作便是：ZIPPO與魚的故事。據說一九六〇年，一位漁夫在奧尼達湖中釣到了一條重達十八磅的大魚，在清理內臟的時候，他發現一隻閃閃發光的ZIPPO打火機赫然在魚的胃中，這支ZIPPO不但看上去嶄新依舊，而且一打即燃，完好如初。先不論這些傳說的真實性如何，但是這些故事確實起到了轟動的效果，如今ZIPPO成為諸多男士青睞有加的個性專屬產品，以其佩戴它作為一種時尚品味的象徵。

同樣是打火機，為什麼男人對ZIPPO情有獨鍾？這就是適當作秀的功效。那麼，如何才能做到恰到好處的炒作呢？

首先，恰到好處的炒作一定要找到品牌與熱門事件的關聯點，不能脫離品牌的核心價值，這是炒作是否得到消費人群贊同的關鍵。炒作策略指揮者應該把品牌的發光點、事件的核心點、公眾的關注點重疊在一起，形成三點一線，和諧統一。事實證明，品牌內涵與事件關聯度越高，就越能讓消費者把對事件的熱情轉移到品牌身上。倘若不考慮品牌內涵與事件的相關性，生拉硬掰，什麼事件都想利用，什麼主題都想炒作，最終只會導致品牌形象模糊。

在美國攻打伊拉克期間，許多跨國大公司的廣告都避開這個話題，唯獨一家潤滑油廠商抓住了這個機會，狠狠地賺了一把戰爭財。潤滑油公司利用這次不該發生的戰爭，不僅進入了大眾的視野，還狠狠地在他們的腦子裡面為自己定了位：致力於為減少摩擦而努力！它利用在美伊戰爭報導的節目空隙，在螢幕上打出了「多一點潤滑，少一點摩擦」的話語，沒有多餘的解說和圖片，和節目的氛圍融成一體也與反戰宣傳的語調高度一致。這次宣傳抓住了機會，也抓住了普通大眾希望和平，反對戰爭的心理，及時為企業形象打下了堅實的基礎。

炒作要想炒出結果，其過程必須讓消費群體有耳目一新的感覺，這樣才能吸引目光產生轟動效應。炒作本身的特點也就要求我們進行炒做宣傳時，必須注意創意，做別人沒有做過的，說別人沒有說過的。創意指數越高，則公眾關注度越高，宣傳效果越好。而步人後塵往往曇花一現，很難在消費者心中留下深刻印象。

職場力

在環保的大環境中，本田公司提出「你買我的車，我為你植樹」的絕妙創意，本田公司每賣出一部車，便在路邊種一棵樹。這一舉動在消費者中引起很大反應：同樣是買汽車，為何不買綠化街道的本田車呢？令人耳目一新的炒作，使本田公司的汽車銷售量迅速猛增。

炒作的時效性彌補了創意不足的缺點，成功地抓住了觀眾的注意力。道理很簡單：打鐵趁熱才能塑造你想要的效果。我們把炒作比喻為一朵漂亮的玫瑰，那麼當花兒未落時，就搶先把它摘下來吧，否則時不可失，時不再來，花入他手，留他人花香。

▶ 你憑什麼拿那麼高的薪水？ （讀品讀者回函卡）

■ 謝謝您購買本書，請詳細填寫本卡各欄後寄回，我們每月將抽選一百名回函讀者寄出精美禮物，並享有生日當月購書優惠！
想知道更多更即時的消息，請搜尋"永續圖書粉絲團"

■ 您也可以使用傳真或是掃描圖檔寄回公司信箱，謝謝。
傳真電話：（02）8647-3660 信箱：yungjiuh@ms45.hinet.net

◆ 姓名：＿＿＿＿ □男 □女 □單身 □已婚

◆ 生日：＿＿＿＿ □非會員 □已是會員

◆ E-Mail：＿＿＿＿ 電話：（ ）＿＿＿＿

◆ 地址：＿＿＿＿

◆ 學歷：□高中及以下 □專科或大學 □研究所以上 □其他＿＿＿＿

◆ 職業：□學生 □資訊 □製造 □行銷 □服務 □金融
□傳播 □公教 □軍警 □自由 □家管 □其他＿＿＿＿

◆ 閱讀嗜好：□兩性 □心理 □勵志 □傳記 □文學 □健康
□財經 □企管 □行銷 □休閒 □小說 □其他

◆ 您平均一年購書：□ 5本以下 □ 6～10本 □ 11～20本
□ 21～30本以下 □ 30本以上

◆ 購買此書的金額：＿＿＿＿

◆ 購自：＿＿＿＿市(縣)
□連鎖書店 □一般書局 □量販店 □超商 □書展
□郵購 □網路訂購 □其他＿＿＿＿

◆ 您購買此書的原因：□書名 □作者 □內容 □封面
□版面設計 □其他＿＿＿＿

◆ 建議改進：□內容 □封面 □版面設計 □其他＿＿＿＿
您的建議：

剪下後傳真、掃描或寄回至「22103新北市汐止區大同路三段194號9樓之1讀品文化收」

廣 告 回 信
基隆郵局登記證
基隆廣字第 55 號

2 2 1-0 3

新北市汐止區大同路三段 194 號 9 樓之 1

讀品文化事業有限公司　收

電話/(02)8647-3663　傳真/(02)8647-3660
劃撥帳號/18669219　永續圖書有限公司

請沿此虛線對折免貼郵票或以傳真、掃描方式寄回本公司，謝謝！

讀好書品嘗人生的美味

你憑什麼拿那麼高的薪水？